赤毛の文化史

マグダラのマリア、赤毛のアンからカンバーバッチまで

ジャッキー・コリス・ハーヴィー
北田絵里子 訳

原書房

図1赤毛のアフガニスタンの少女のこの写真は、2004年にアフガニスタンのパシュトゥン族自治区で報道写真家のレザが撮影した。

図2　中国の新疆ウイグル自治区、カシュガル市で撮影されたウイグル族の少女。ウイグル族は漢民族系というよりテュルク語系の民族である。自分たちは占領された民族で、民族的にも文化的にも、北京の文明よりもタリムのミイラと同じ非中国文明にルーツを持っていると彼らは考えており、自分たちの自治区を〝東トルキスタン〟と呼んでいる。近年この地区で起こっている民族抗争では、こうした衝突の常で、爆破やナイフによる無差別襲撃の犠牲者が出ている。

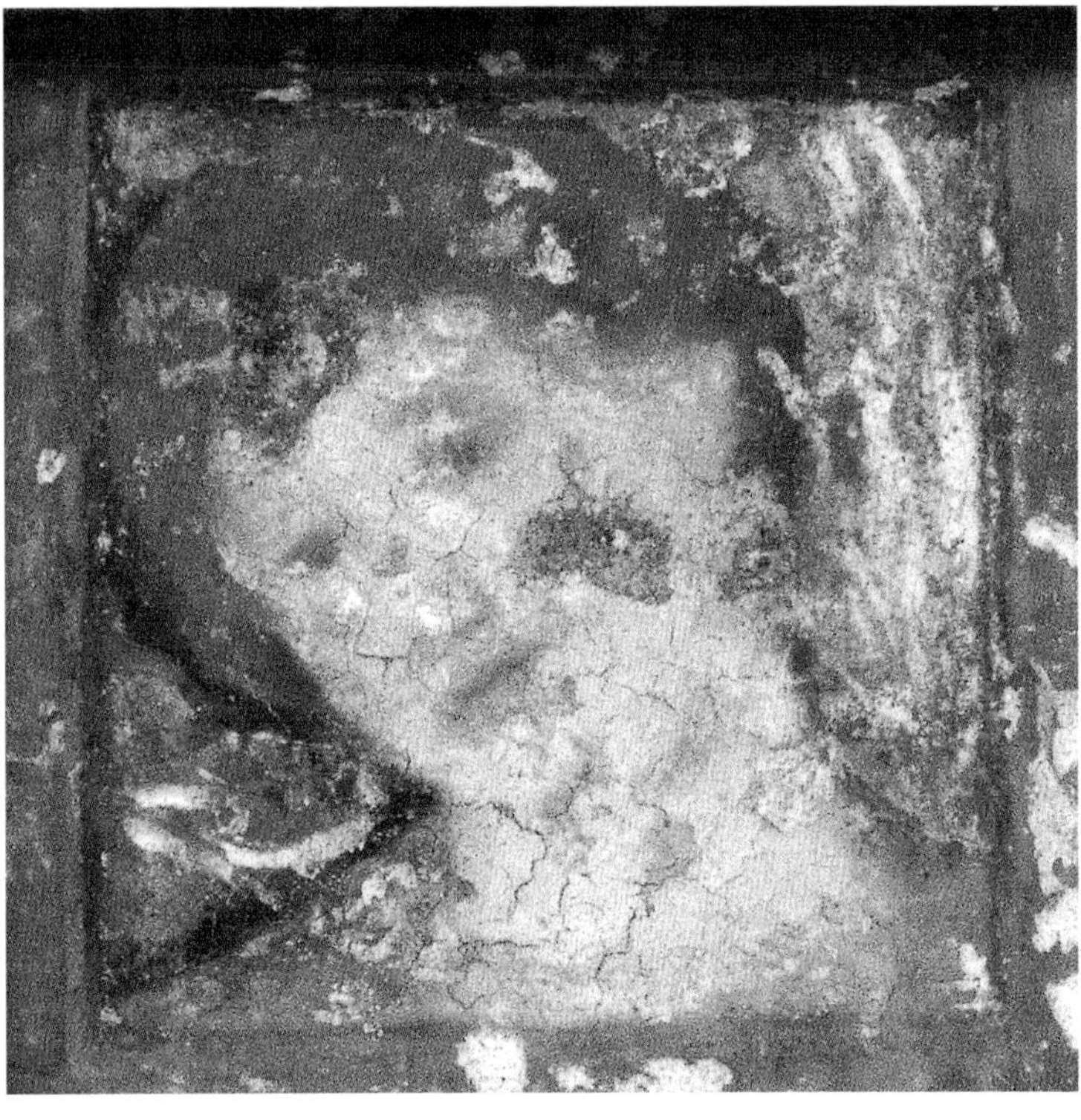

図4　中央ブルガリア、オストルシャの墓の天井の32番格間に描かれた赤毛の女神。紀元前330～310年に遡るそれは、西洋美術に表現された最古の赤毛の肖像のひとつである。

図5　寝込みを襲われたレソス王の目覚めの場面。この黒絵式の両取っ手付き壺は、紀元前540年ごろにイタリア南部で作られた。〝銘の画家〟と呼ばれる制作者は、レソスの髪とひげに赤の釉薬を用いている。ホメロスの『イリアス』で語られたように、オデュッセウスとディオメデスは、トロイアの城壁外のトラキア勢の野営地に潜りこみ、機に乗じて名馬を盗んだ。引かれていくそのうちの一頭が左端に見える。

図6　逃亡奴隷を演じる役者をかたどった、この高さ13センチメートルのテラコッタの小像は、紀元前350～325年ごろにアテナイで作られた。大英博物館にあるこの像はもともと、私財を注ぎこんで古代世界の方々から遺物を収集したウジェーヌ・ピオ（1812～90年）の収蔵品だった。小像のテラコッタの髪には、微量の赤い顔料がまだ付着している。

図7 《ゲツセマネの祈り》(ガブリエル・アングラー・ジ・エルダー/ 1444 ～ 45 年)、ミュンヘン、バイエルン州立美術館。この板絵の祭壇画は、バイエルンのテーゲルンゼー修道院のために制作された。その4世紀前の11世紀に、そこで名もなき修道士が綴った最古の騎士物語のひとつ『ルーオトリーブ』には、赤毛の男に対する最初期の警告が含まれている――〝赤ひげの男が善意を隠し持っていることは稀であり……〟

図8 《カルバリー》(アントネロ・ダ・メッシーナ／1475年)。アントワープ、ベルギー王立美術館。牧歌的な風景も、聖母マリアと福音伝道者聖ヨハネも、磔にされた中央のキリストその人さえも、両端で苦しみつづけている罪人たちを気に留めていないようだ。ともあれ、画家が改心しない盗人をあえて赤毛に描いている点には注目を。

図9　《聖母戴冠》（アンゲラン・カルトン／1454年）、ヴィルヌーヴ・レザヴィニョン、祝福の谷のカルトゥジオ会修道院。カルトゥジオ修道会は隠棲を旨とし、修道士はそれぞれの庵にこもって祈りと黙想をする生活を義務づけられている。ただし、庵には庭があり、週に一度はその地方の集落を歩きまわってよい。カルトンの絵は、庵から離れているあいだはこの世界を愛でようという、のどかで落ち着いた雰囲気にあふれている。

図 10　三連祭壇画《最後の審判》(ハンス・メムリンク／ 1467 ～ 73 年)。メムリンク 40 歳ごろの作品。ドイツに生まれ、ブリュッセルとブリュージュで暮らした。初期オランダ美術の頂点のひとつをなすこの絵には、赤毛の処女たちと天使たちが描かれ、この場面では、救われた 2 人の処女が楽園への水晶の階段をのぼっている。

図 11 《ノリ・メ・タンゲレ》(マルティン・ショーンガウアー工房／ 1480 年ごろ)。メムリンクと同じく、ショーンガウアーもロヒール・ファン・デル・ウェイデンの弟子だった。メムリンクと同じく、彼の作品はその色使いと出来栄えを高く評価されていた。そしてメムリンクと同じく、ショーンガウアーは赤毛の処女と天使のみならず、マグダラのマリアも描いた。

図 12　《キリスト磔刑》（ヤン・ファン・エイク／ 1435 ～ 40 年ごろ）。この絵は《最後の審判》を描いた右翼のパネルと対になっている。それは物語としての磔であり、ほぼ目撃譚だと解釈されてきた。聖母マリアはそれ自体が悲しみであるかのような青いローブに包まれていて、ほとんど見分けがつかない。赤い髪でその人とわかるマグダラのマリアは、恐怖と哀れみと懇願を一身に集めたように、組み合わせた手を掲げている。

図 13 《洞窟のマグダラのマリア》（ジュール・ジョゼフ・ルフェーヴル／ 1876 年）。現在、エルミタージュ美術館にあるこの作品は、サロン向きの完成度の高い絵画の典型で、表面的にはとても正統ながら、解読と再解釈をすべき時期に来ている。

図 16　未詳の画家が 1575 年ごろに描いたエリザベス 1 世。現在、ロンドンのナショナル・ポートレート・ギャラリーにあるこの肖像画は、エリザベスのイメージと気品とを要約している。ドレスと装身具の色が赤毛と見事に合っていて、仮面のような顔はどこか、言いようもなく悲しげでほとんど超俗的である。

図 17　《女王の行列》（ロバート・ピーク／ 1601 年ごろ）。1603 年に逝去することになる女王エリザベス 1 世が最後に公開した絵姿で、最晩年に愛用していた淡い色のかつらを着けた姿が描かれている。エリザベスの治世の終わりにその宮廷をとらえた 1 枚で、女王は当時の有力者ほぼ全員に囲まれ、輿に担がれている。逝去の折には、ガウンとかつらを着けた人形が、女王の棺に載せて運ばれた。

図 18　《白のシンフォニー、第 1 番》（ジェイムズ・アボット・マクニール・ホイッスラー／ 1862 年）。ホイッスラーは、彼の絵画には芸術を超えたなんらかの意味があるとの意見に強く反論するようになった。ジョアンナ・ヒファーナンのこの肖像についてはこう述べた――〝……美しいキャンブリック地の白いドレス姿の女性が、白いモスリン地のカーテン越しに光が透ける窓を背にして立っている――が、右側から強い光を浴びているので、この絵は、赤い髪がなければ、輝かしい白の華麗な競演と言える。〟

図19 《眠り》(ギュスターヴ・クールベ/1866年)。パリ、プティ・パレ美術館。裸体の曲線、波打つ乱れ髪……クールベに指示されたポーズをとり、発注者のハリル・ベイと後世の私たちに楽しみを提供するジョアンナ・ヒファーナンと無名のモデル。

図20　G・F・ワッツが1867年に描いたアルジャーノン・チャールズ・スウィンバーンの肖像。アルコール依存症がいよいよひどくなった1879年、スウィンバーンは詩人で批評家のセオドア・ワッツ・ダントンのパトニーの自宅に身を寄せることになる。ダントンは、のちにロセッティと仲たがいしたヘンリー・トレフリー・ダンにも逃げ場を提供した。

図21 《ベアタ・ベアトリクス》(1864～70年ごろ)。ダンテ・ゲイブリエル・ロセッティがリジー・シダルの死後に描いた彼女の肖像。赤いローブの人物は、彼女を黄泉の国へ送り届けようとしているダンテ・アリギエーリとも受けとれる。何百年も昔から、日時計は死すべき運命の表象である。ハトがくわえているケシの花は、アヘンチンキの過剰摂取がリジーの死因であったことを暗に示している。

図22 《見つかって》(ダンテ・ゲイブリエル・ロセッティ／1869年ごろ、未完)。子牛には、女性の苦境を象徴する意図がある。1881年に出版した『バラッドとソネット集』収録の詩「見つかって」は大きな非難を浴びた。この作品のモデルを務めたファニー・コーンフォース本人は、この女性の金のイヤリングを自慢げに身に着けて写真に収まった。

図 23 《マクベス夫人を演じるエレン・テリー》(ジョン・シンガー・サージェント/1889年)。テリーはこの絵についてこう記している——〝私の演じ方と同じくらい、至るところで話題になり、論争を呼んでいる……サージェントは、私が演技で伝えたいことのすべてをこの絵で示してみせた。〟

図 24　サー・ジョン・エヴァレット・ミレイ、《遍歴の騎士》(1870 年)と《ソルウェイの殉教者》(1871 年)。批評家たちは《遍歴の騎士》を存分に調べる機会を得て、絵のなかの女性が服を脱いでいたことを意味する〝着衣の紐〟の跡をその体に、そして〝純粋そのもの〟でも〝上品〟でもない性質をその顔に見てとった。つまり、彼女の身に何が起こったにせよ、それは本人が求めたことだったと考えられる。

図 25 《髪結い》(エドガー・ドガ／ 1896 年ごろ)。これは、夜の仕事に出る娼婦の女主人の身支度をしている使用人なのか、それとも上流階級の若い女性にかしずいているメイドなのか。2 人は母と娘なのか。ひとりは無表情で務めに没頭していて、もうひとりは片手で髪の根もとを押さえ、痛みを訴えるようにもう片方の手をあげている。背景となっている場所は娼館の一室なのか、婦人の私室なのか。ただひとつたしかなのは、赤い髪がすべてということだ。

図 26　オッフェンバックによる 1867 年のオペレッタ『地獄のオルフェ』でキューピッドに扮したコーラ・パール（本名エマ・エリザベス・クラウチ）。そのオペレッタはカンカン・ダンスで悪評を買った。コーラはこのころには〝イヴ〟の名でも人前に出ていて、ロワレに所有する城でのディナー・パーティで、銀の大皿に載った全裸の自分自身を供した。

図 27　英国の劇作家トマス・〝キッド〟の想像による、ディケンズのユライア・ヒープ（ジョセフ・クレイトン・クラーク／ 1857 ～ 1937 年）。10 人の子の父であるクラークは、シガレット・カードの図案家や書籍の挿絵画家として生計を立てていた。彼の描くディケンズ作品の登場人物は、今日私たちが思い浮かべる彼らの姿にいまなお影響を与えている。

図28　1929年に初登場したタンタン。作者のエルジェは、赤毛でそばかす顔の15歳のデンマーク人、パレ・フルに影響を受けたと考えられている。1928年にジュール・ヴェルヌを記念した少年向けのコンペで優勝したフルは、『80日間世界一周』のフィリアス・フォッグばりに世界をまわり、44日間でその旅を終えた。

図29　ソロモン諸島の人口の約26％が、地球上のほかのどこにも見られない独特な遺伝子を保有している。この遺伝子が彼らの5～10％に、鮮やかな金髪から淡いショウガ色までさまざまな、明るい色の髪をもたらす。

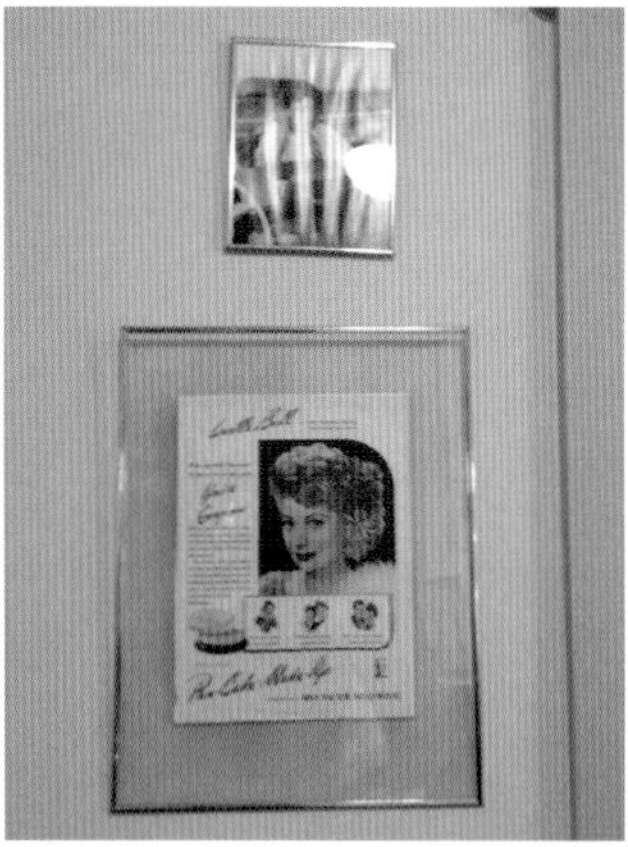

図30　ハリウッド博物館、ミントグリーンを基調としたマックス・ファクターの〝赤毛専用〟ルームの内装。ほかでもないルシル・ボールが宣伝したマックス・ファクターの広告ポスターもある。

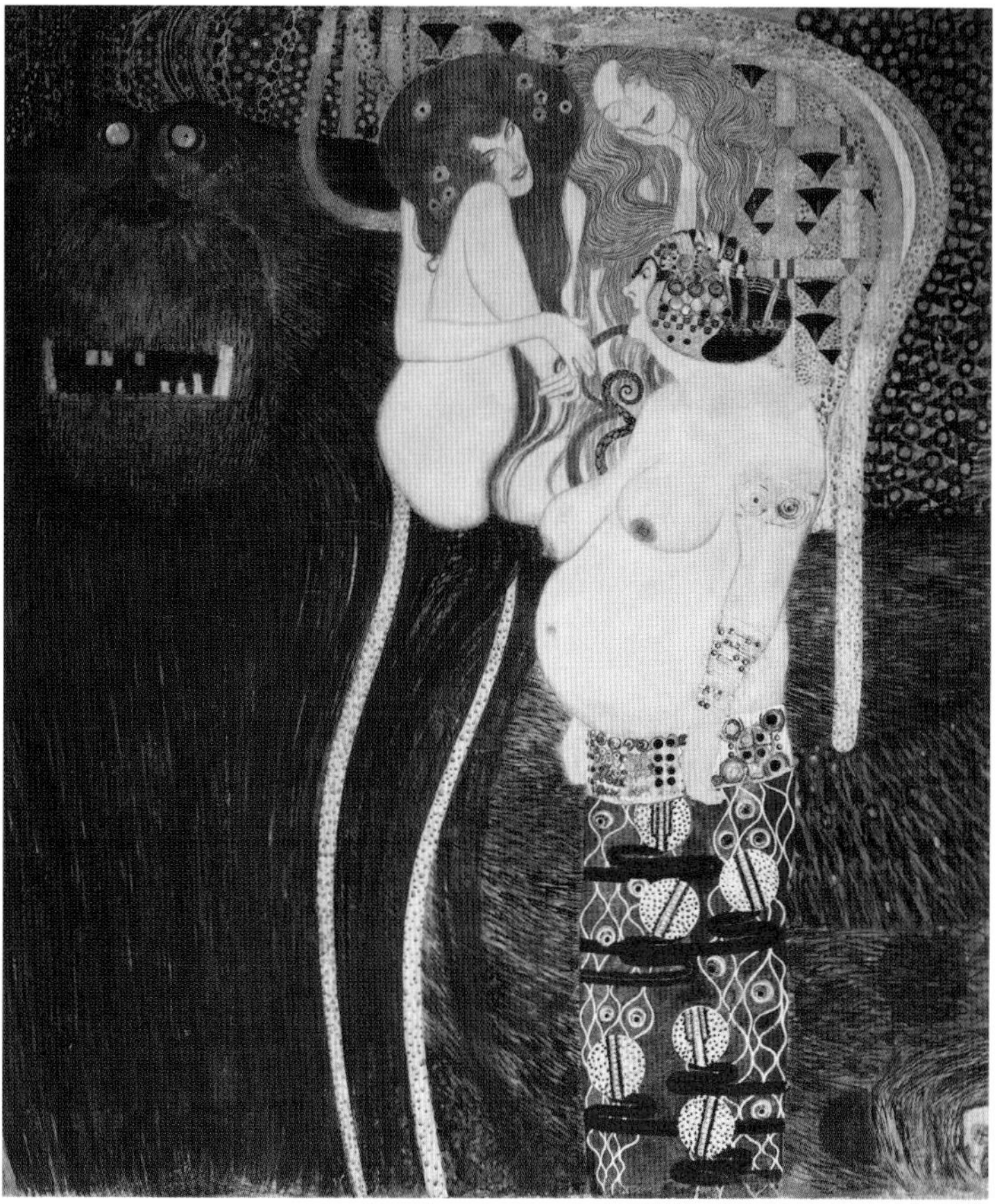

図 31　グスタフ・クリムトの《ベートーヴェン・フリーズ》より、〝肉欲〟を象徴する女。この壁画は 1897 年にウィーンに建てられた展示ホール、分離派会館に常設展示されている。そこはオーストリアの保守的な芸術組合から分離した芸術家たちの作品発表の場で、鉄鋼王にして、哲学者ルートヴィヒ・ウィトゲンシュタインの父でもあるカール・ウィトゲンシュタインが資金援助をした。太った黒髪の男は〝不摂生〟、眠っている金髪の女は〝道楽〟を象徴している。

図 32　赤毛の黙示録。2014 年のブレダの〝赤毛の日〟、団体写真の細部。世界じゅうから 6000 人もの赤毛の人たちがこの祭りに参加した。

図 33　ステラ・フラミングス、オランダ人とセネガル人の血を引く赤毛のモデル。

赤毛の文化史

マグダラのマリア、赤毛のアンからカンバーバッチまで

この本をマークに捧げる。

目次

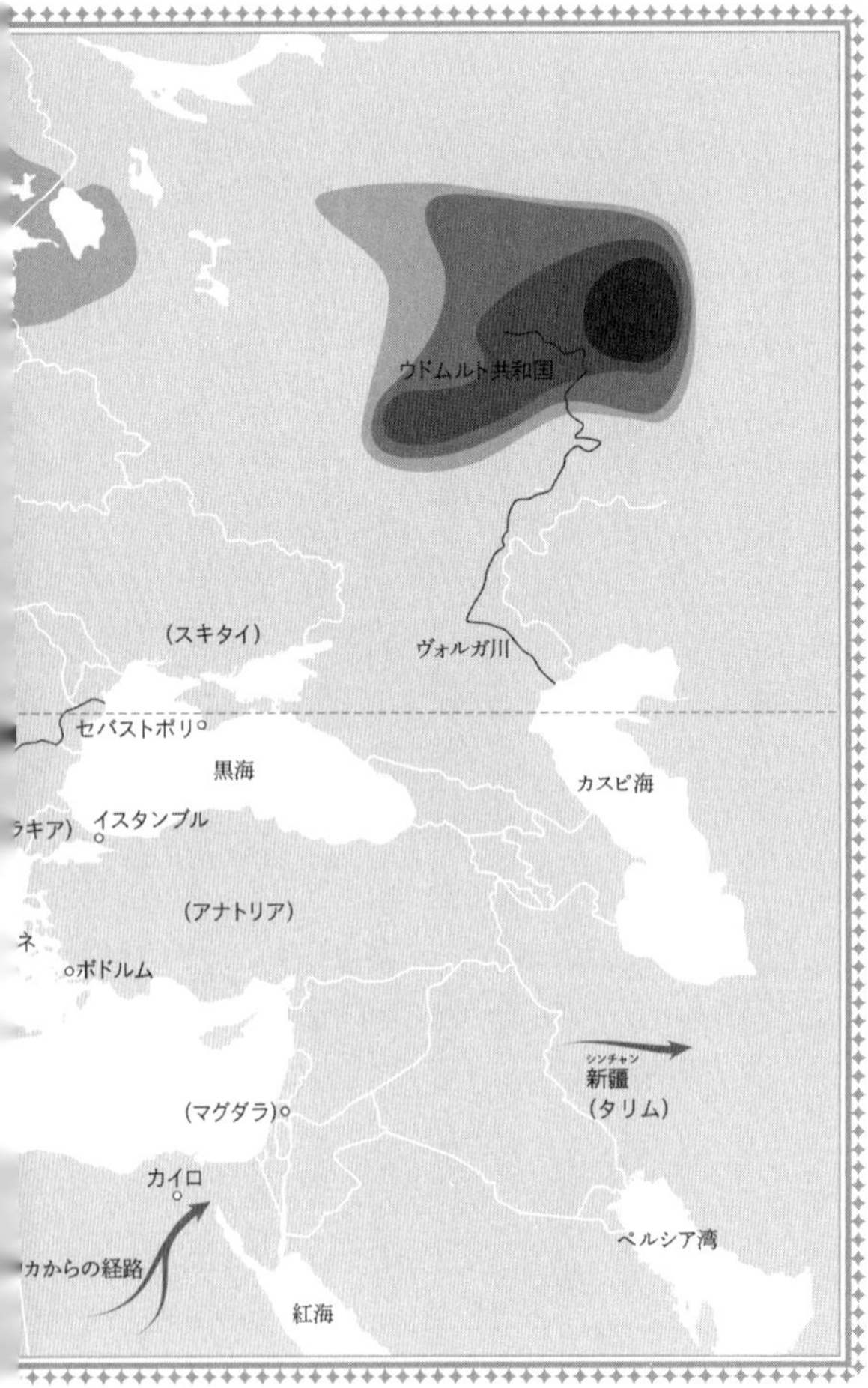

ヨーロッパの赤毛地図

赤毛に関連する諸問題についてはもちろん、こうした地図の正確さをめぐっては数多くの議論があるが、ここにはっきりと示されているのは、ロシアではウドムルト人の住むヴォルガ川流域が赤毛の頻発地帯であること、そしてスカンジナビア、アイスランド、英国諸島、アイルランドのいずれにおいても、北と西へ行くほど赤毛の人口が多くなっていることである。

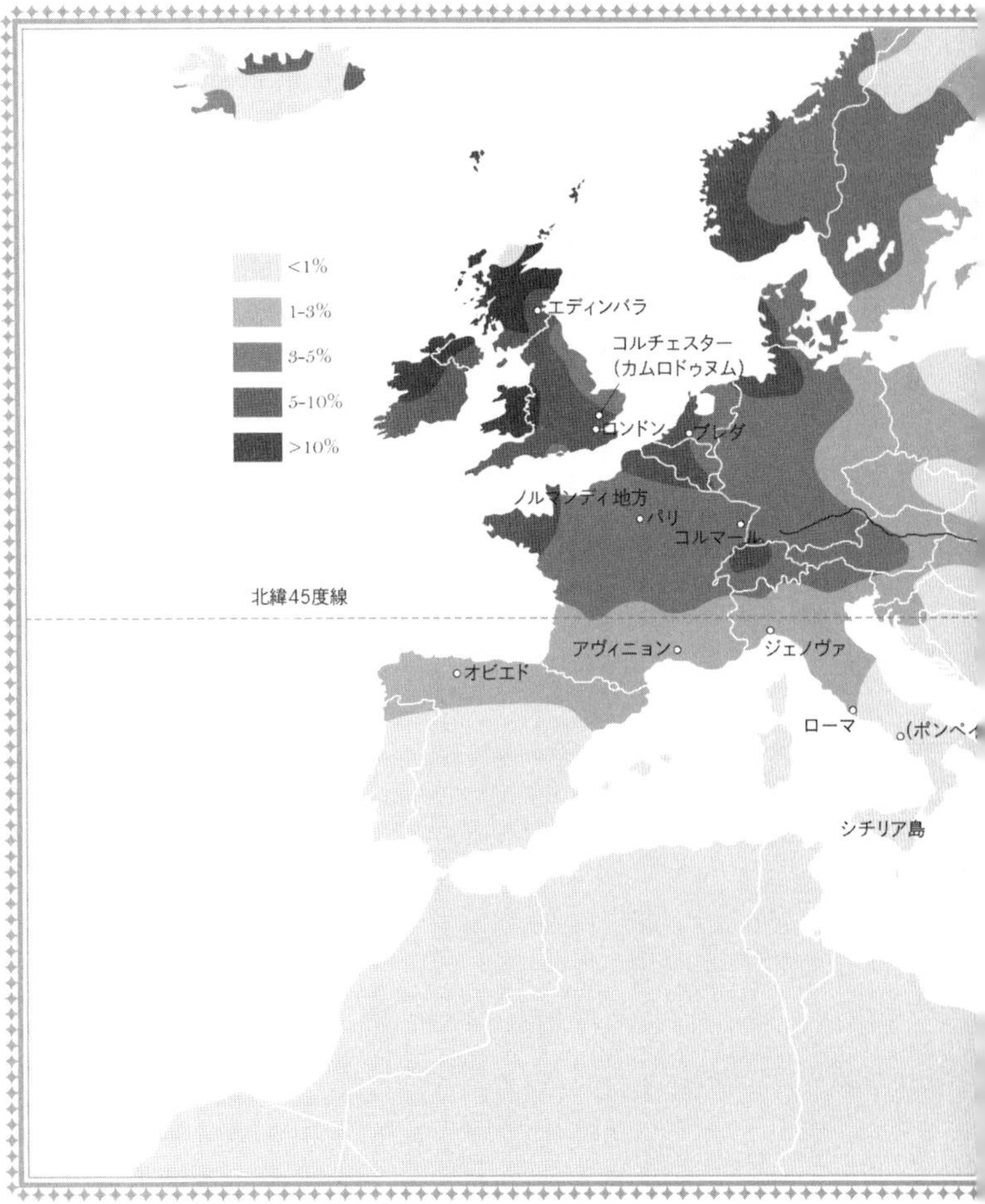

<1%
1-3%
3-5%
5-10%
>10%
エディンバラ
コルチェスター
(カムロドゥヌム)
ロンドン
ブレダ
ノルマンディ地方
パリ
コルマール
北緯45度線
アヴィニョン
ジェノヴァ
オビエド
ローマ
シチリア島

はじめに

髪についての研究は、私の知るかぎり、空疎でつまらない物ばかりが
存在するこの社会の上面を見せてくれるものではない。
それどころか、物事の中心を見せてくれるものだ。
『ヘア・カルチャー』(グラント・マクラッケン/1995年)

私は家族のなかでただひとりの赤毛だ。赤毛の人にとっては決して珍しくない境遇だろう。母は、いまでこそ白髪《はくはつ》だが、金髪《ブロンド》だった(70代に入ってもなおブロンドを保っていた)。父の髪は焦げ茶色だった。兄もブロンドだ。兄の子供たちは、いかにもアーリア人らしい、茶色から金色までさまざまな色味を帯びた髪をしている。それなのに私の髪は赤い。幼いころは、リーペリン・ウスターソースのラベルと同じオレンジ色だったが、成長するにつれて色が落ち着き、目立ちすぎない赤銅色になった。ニンジン色《キャロット》でもショウガ色《ジンジャー》でもなく、目の覚めるようなトウガラシ色――そんな色の縮れ毛と、輝くばかりに真っ白な肌をした女子が学校にいた――でもない。ス

ペクトル上の赤色ど真ん中ではないけれど、赤は赤である。ほかの赤毛の人たちの多くもそうだろうが、私に関しては、赤毛であることが人として唯一の際立った特徴だ。それはちょっと言いすぎでしょう、と思うあなたは、きっと赤毛じゃないのでは？

赤毛は潜性《せんせい》（劣性）遺伝であり、稀にしか見られない。世界的に見て、人口のわずか２％にしか発現しないが、北ヨーロッパや西ヨーロッパ、及びその起源の地（巻頭の地図参照）では、やや比率が高く（２〜６％に）なる。[1] 私たち人間をひと組のトランプに見立てた、壮大な遺伝子ゲームにおいて、赤毛のカードはクラブの２にあたる。ほかのどれよりも弱いカードだ。ゆえに、子供が赤毛になるには、両親がともに赤毛の遺伝子を持っている必要があるが、本人たちはブロンドか茶色の髪をしている場合も多く、赤毛の遺伝子を持っていることにまったく気づいていなかったりする。だから、産毛の赤みがひと目でわかる赤ん坊が生まれてきたら、さんざん茶化されて大騒ぎになるのを覚悟したほうがいい。私がよちよち歩きのあいだ、この子の赤毛は妊娠中にやたらと飲んでいたトマトジュースのせいだとか、謎めいた赤毛の牛乳配達人のせいだとか、母は明るく話していたそうだ。一方、祖母は、〝神が女に赤い髪を与える理由は、スズメバチに縞模様を与える理由と同じだ〟という古いことわざを好んで口にしていた。ただ祖母は、赤毛の子は北欧からの襲来者デーン人の血を引いているなどという言い伝えもあった、ハンプシャーの田舎生まれだから、私のことはずいぶん寛大に見てくれていたのだ。

５歳になると、赤毛の自分は、大人から意味不明のからかいを受けるだけではすまなそうだと気づいた。サフォークにあった村の幼稚園は、初日からいじめの王者だったブライアンという暴君《カリギュラ》に支配されていた。残りの私たち5歳児は、ブライアンが遊び場をのし歩き、だれかれなくプロレス技のアームロックを仕掛け、髪の毛を引っこ抜き、鳥の巣をぶち壊して笑いながら卵やヒナを踏みつけるさまを、ぞっとする思いで見ていた。あいつは、だれかのいちばん大切な物を見つけてそれを破壊する天才だった。ある午後の帰り際、私と友達のカレンの背後にブライアンが近づいてきた。カレンは大きなポンポンがてっぺんについた、きれいな淡いブルーの真新しいニット帽をかぶっていた。ブライアンはカレンの頭から帽子をつかみとるや、ポンポンを力まかせに引きちぎって、地面に投げ捨てた。

赤い霧のようにおりてきたあの異様な解放感を、私はいまでも思い起こせる。私はポパイよろしく右腕を振りかぶり、ブライアンの顔にパンチを見舞った。

快心の一撃だった。ブライアンはばったり倒れた。なんとか立ちあがろうとしながらも、あかない片目がすでに腫れだしていた。何より信じがたいことに、ブライアンは泣いていた。私はそこでようやく、いまのダビデとゴリアテの寸劇を、門まで子供を迎えにきていた母親たち全員に見られていたことに気づいた——もちろん自分の母にも。

人を殴ってはいけない。そんなことは弟と喧嘩したとき何度も叱られて知っていた。咎められるのを覚悟した。母の反応と、門前のほかの母親たちの反応を、私はじっと待った。悔いるどころか誇らしいくらいだったが、ひどく面倒なことになったのもわかっていた。

ところが、なんの咎めも受けなかった。だれかが——たぶん、先生が——ブライアンを助け起こし、服の埃を払ってやった。周りで笑い声があがった。意外なことに、大人たちも容認している感があった。恥じ入った様子の母は、私の手を引いてせかせかと門の外へ連れ出した。「そりゃ、ああなるわよね？」母の友人のひとりが、私の頭上で言った。「この子、赤毛なんだから！」

〝この子、赤毛なんだから〟。5歳の私はそのとき、とても大事なことを2つ学んだ。ひとつは、世間には赤毛の子に対する決めつけがあるらしいこと。もうひとつは、その決めつけがあるから、赤毛の子はブロンドや暗褐色《ブルネット》の髪の子には許されないようなふるまいをしてもいいらしいことだ。私はかっとなるに〝決まっていた〟のだから。その本分を守るべく、子供のころはひどい癇癪を起こした。私は生意気で、我が強くて、なんなら少々イカレていて当然だったのだ。変わり者でもよかったし、激しやすくてもよかった。成長してからは、髪の色が赤いというだけで許容される事柄がさらに増えた。衝動的でも許された。血の気が多くても、情熱的でも許された（ボーイフレンドと付き合う年ごろになると、そうあるよう求められているくらいに思えた）。私や赤毛の友人たちについて世間が思いこみ、期待している事柄は無限にあった。きっとアイルランド人ね。じゃなきゃスコットランド人ね。きっと芸術の才があるはず。きっと精神世界に通じているはず。ひょっとして霊能者なんじゃ？　きっと床上手なはず。そうした〝きっと〟がみな、端《はな》から断定の調子を帯びているのには理由がある。〝彼女は赤毛だから〟。私という人間を知るために万人が心得ておくべきは、どうやら、その1点のみらしいのだ。

　大人になり、世界もより広くなった。私は自分よりもっと赤い髪と、もっと白い肌と、もっと青い目をしたシチリア島出身の兄妹に英語を教えた。あれはどういうめぐり合わせだったのだろう。私はさらに遠くへ旅した。自分の赤毛が、それまで経験してきたのとは少しちがう、新たな受け止め方をされることに気づいた。それでも、あらゆる反応の共通分母はこれだった——赤毛の持ち主は人とちがっているふうに見られる。すると当然ながら、こう自問しはじめるときがやってくる。なぜこんなふうに決めつけられるのか。その根拠はなんなのか。それ以前に、根拠はあるのか。その決めつけはなぜ国によってちがうのか。それらはなぜ、時代の移り変わりとともに変化したのか、あるいはしなかったのか。そもそも、赤毛の起源はどこなのか。

赤い髪の同義語としての〝赤毛（redde-headed）〟という語の起源は、少なくとも1565年まで遡ることができる。その年に、〝クーパーの辞書〟の別名を持つ、『トマス・クーパーの羅英辞典』に記載されたのが最初だ。[2] 完成時、ほかならぬ赤毛のエリザベス1世がその偉業を高く評価し、著者をオックスフォード大学のクライスト・チャーチ・カレッジの学寮長に任命したことでも知られるこの大著は、英語の基礎を形作るものであり、偉大なる言葉の錬金術師、ウィリアム・シェイクスピアが用いたなかでも特に重要な資料であったと考えられている。しかし、赤毛の原因となる特定の遺伝子が、エディンバラ大学で皮膚科学を専門とするジョナサン・リース教授によってようやく確認されたのは、1995年のことだった。[3] つまりこの地球上に存在していた5万年のあいだほぼずっと、赤毛は、それが出現したあらゆる社会で、不可解な謎として扱われてきたのだ。その解明に向けた探求の過程で、赤毛は、神の力の表れであり、卑しくも古くからの性的禁忌を破った恐ろしい結果であると見なされてきた。また、宗教や民族の証《あかし》となるものとして追放や迫害を受け、気性を示すものとして中傷か賛美を受け、星々の影響を受けた結果だと公言されてきた。言うまでもなく、そうした説明はいずれも正解ではないのだが、その一方で、赤毛に対する社会の――個々の社会の――反応は、それらの誤解と結びついたままになり、やがてすべての誤解が根づいてしまった。赤毛については、100年か200年前、ことによると500年前にも劣らぬほど多くのでたらめがいまも書かれているのだ。

要するにどういうことか、寓話としても読める有名な赤毛の物語を通して、ここで説明させてほしい。1891年、サー・アーサー・コナン・ドイルが、シャーロック・ホームズものの短篇小説「赤毛組合」を発表した。物語の中心となる赤毛の男は、ジェイベズ・ウィルスンという質屋の店主だ。独特な色合いの赤毛をしているおかげで、ジェイベズは〝赤毛組合〟なる謎めいた団体に見込まれ、とある無人の事務所で日に数時間、『大英百科事典』の膨大な文面をただ書き写すという仕事を請け負った。組合によると、燃えるような赤毛の持ち主であるジェイベズにこそまかせたい仕事だという(彼がありふれた金髪や黒髪ではたくらみが成り立たない理由はおわかりだろう)。もちろんシャーロック・ホームズは、質屋の裏に銀行があること、赤毛組合がジェイベズに持ちかけた〝仕事〟が彼を店から遠ざけておくためのただの計略であることを、たちまち見抜いた。組合は、質屋の地下から銀行へ侵入しようともくろむ強盗団の隠れ蓑にすぎず、ジェイベズは赤毛だからではなく、彼の店がそこにあるから選ばれたのだった。言い換えればこれは、最終的に解明された事実が、見当をつけていた事実とまったくちがうという話なのである。赤毛の歴史を探究していくと、往々にしてそういう実例が現れる。

私たちの生きているこの特異な時代においては、地球の片側で羽ばたいている蝶が、その反対側でまさに嵐を巻き起こすということが起こりうる――ただし、その蝶がウェブサイトを立ちあげたとすればだが。知識の太陽系には瓜ふたつの予備が存在し、正反対の知識がそこを周回している。これが奇跡のようにありがたく思えることも多い――どういうわけか金髪や赤毛をしたタリム盆地のミイラの古《いにしえ》の故郷、中国西部の広大なタクラマカン砂漠の上空を、ランドスピーダーに乗ったルーク・スカイウォーカーばりに飛んだあとに、そのミイラ発見時の完全な記録をいとも簡単に取り寄せることができるのだ。かつては想像もつかなかったはずの物事が、いまや食料品の買い物並みの日常事となり、だれもかれもがやりたいことリストを作っているように見える。この混乱した情報の世界には、赤毛に生まれつく人もいれば、望んで赤毛にする人、強いられて赤毛にする気の毒な人もいる。赤毛だったとされる歴史上の人物のリストは果てしなく長く、サイトからサイトへとリンクする錯綜ぶりはさながらデジタルの菌糸体のようだ。赤毛を衝動的、無分別、短気、情熱的、型破りと類型化する宇宙ゴミは、たまりにたまって層をなしている。インターネット上には、疑似事実《ファクトイド》（現時点で最も悪名高いのは、赤毛が絶滅に瀕しているという説だ）を載せたゴムボートがわんさと漂流している。疑似事実とは、噂だけで引き起こされる偽陽性のようなもので、言わば、引用による仮想事実だ。発見して嬉しかったのだが、これは〝引用による証拠《ウーズル》〟と呼ばれている。くまのプーさんと親友のピグレットが百町森で捕まえようとする、永遠に増えつづける架空の動物ウーズルから取った呼び名だ。結局プーたちは、雑木林の周りをぐるぐるまわってどんどん増えていく自分たちの足跡をたどっているだけだと、クリストファー・ロビンに指摘されることになる。本書のせいでウーズルがさらに増殖することがないよう努めたいものだ。

赤は、人類にとって特別な響きを持つ色である。初期の霊長類が、熟した果実を選びとれるよう、見分けることを覚えた最初の色だったとする説もあり、今日でもなお、赤という色は人間の脳の原始的な部分に訴えるようだ。脳損傷の結果、一時的な色覚異常に陥っている人は、どの色よりも先に赤が見えるようになるという。そして、赤は矛盾に満ちている。愛の色でありながら、争いの色でもある。憤激することをかっとなる《シー・レッド》と言い表す一方で、愛の証に真っ赤なバラを贈る。赤は血の色であるがゆえに、生と死の両方を象徴しうる。死者の上に赤土かほかの天然顔料を撒くという形で、ミノス文明やマヤ文明の埋葬儀式にかかわりを持っていた。預言者イザヤによると、救いがたい罪は緋色をしていて、それは多くの西洋美術においては悪魔《サタン》の色だが、東洋においては幸運と繁栄の色になる。警告の色としてもあまねく認識されていて、赤は危険を表す。売春にまつわる色とされるのも世界共通だ。赤毛の象徴するもの、赤毛に関連したものは、これらの例にとどまらず、数々の矛盾をはらんでいる。

赤毛は昔から〝異分子〟と見られてきたが、興味深くも不可思議なことに、それは白い肌をした異分子なのである。21世紀の西洋世界において、歴史家のノエル・イグナティエフの言う〝肌の色の上流階級〟に属する白い肌の人たちに対して、あからさまな差別がおこなわれることはめったにない。けれども人々はいまだに、赤毛に対する偏見は言葉や態度で表す――それが肌の色や、宗教や、性的指向の話なら、もはや支持しようとか公言しようとは夢にも思わないであろう、配慮に欠けた考えを。そうした言葉や態度は、差別する側と差別される側の外見に、たいていの場合（髪を除いて）ほとんどちがいがないがゆえに、看過されてしまう。あたかもそういう関係性のなかでは、偏見と見なされないとでも言うように。赤毛に対する態度には、このあとたびたび言及することになるが、はなはだしい性差もある。つまり、男性の赤毛は悪に通じ、女性の赤毛は善に——というか、少なくとも性的魅力に——通じる。ただ、この単純すぎる分類のなかにさえ、明らかな矛盾が存在している。というのも、文化的には、赤毛の男性のことを病的な荒くれ者としても、女々しくて意気地のない変わり者としても理解できそうだからだ（たとえば前者は、ヴァイキングの狂戦士、もしくは英国にいる、染めた赤銅色のぼさぼさ頭に滑稽なほどぶかぶかのチェックのベレー帽を載せて、アルコール度数の高い缶ビール片手に千鳥足でうろつく酔っ払い、さらに言えば映画『ザ・マペッツ』〔２０１１年〕に登場する動物。後者は、ナポレオン・ダイナマイト〔同名映画の主人公、おたく気質の赤毛の高校生〕とか、『シンプソンズ』のロッド&トッドのフランダース兄弟だ）。赤毛の子供たちのステレオタイプがそうした正反対の人物像を示しているのは、いじめっ子といじめられっ子——映画『あるクリスマスの物語　A Christmas Story』（１９８３年）のスカット・ファルクスは前者の忘れがたい例だ——両方の特徴づけに赤毛を用いているからだ。

赤毛の子供が女の子の場合はまたちがってくる。彼女たちはたいてい、元気がよくて（『赤毛のアン』のアン・シャーリー）、勇気があって（ディズニー映画『メリダとおそろしの森』の王女メリダ）、愛嬌たっぷり（『小さな孤児アニー』の主人公）だ。アメリカの大学生のあいだでは、赤毛の女性は異性にいちばんモテないとされている。ただ（これは私自身の経験だと言っておきたい)、女性の赤毛が好まれる要素には、エロチシズム偏重の、ほかの髪色の女性に当てはめられるルールやモラルを逸脱したものが含まれがちだ。(4) 神聖な視点からこうもかけ離れてしまったのは、主に中世の教会の責任だと言わねばならない。

いまも昔も、赤毛にこういうことは付き物だ。赤毛の存在、そして赤毛に対する態度——文化的類型化、文化的慣習、文化的発達——は、歴史上のある時代・ある文明から、別の時代・文明へと、ときに思いもかけない形で、多くの場合あらゆる理屈と常識をも無視してつながっている。赤毛の歴史のなかで特に興味深い一面は、そうしたつながりがいかに連綿と存続しているかである。2000年以上前のアテナイで見られた赤毛のトラキア人奴隷の影響から調べはじめて、ファストフード・チェーンのキャラクター、ドナルド・マクドナルドに行き着く。隔離集団における潜性遺伝の特徴と遺伝的浮動について調べていき、ドラマ『ゲーム・オブ・スローンズ』の〝野人〟で終止符を打つ。絵画に描写されたマグダラのマリアを追っていくと、いつしかドラマ『マッドメン』の女優クリスティーナ・ヘンドリックスにたどり着いている。

マグダラのマリアはなぜ赤毛として描かれることが多いのか。それには確たる理由があるのか。マグダラのマリアと呼ばれる特定の個人が仮にいたとすれば（それ自体、憶測によるところが大きい——西洋の教会が創り出したマグダラのマリアは、聖書に登場する複数の人物を統合したキャラクターである)、その名は、北緯45度線よりはるか南、ガリラヤ湖の西岸にあるマグダラの生まれであった可能性を示唆している。その緯度より南では、赤毛は未知のものとまでは言わずとも、かぎりなく少ない。よって、西洋美術や文学に描かれたマグダラのマリアの髪色は、聖書に記された事実を想起させるものではなさそうだ。では、中世以降、かくも多くの画家が、赤い髪をしたマグダラのマリアを描いたことにはどんな理由があるのか。そうすることで、500年前の鑑賞者にどんなメッセージを伝えたのか。そのメッセージは、鑑賞者についてどんなことを教えてくれるのか。そしてそれは、今日の私たちの赤毛に対する態度について、何を明かしてくれるのか。

まず、学生時代にアルバイトで画家のモデルをした私自身の経験から言うと、画家は赤毛を描くのが単純に楽しいのだと思う。彼らはその単調でない色合いと濃淡を好み、光が当たったときのつややかな輝きや、併せ持つ者の多い白肌にその光が反射するさまを愛でる。しかしマグダラのマリアの赤毛は、まったく別のことを印象づけようとするものだ。それはこういう事実を反映している――西洋の教会は常に、改心した娼婦、悔い改めた売春婦こそ、何より興味をそそるものと考えてきたし、そうした文化のもと、赤毛の女性は何世紀にもわたって肉欲や売春と結びつけられてきた。それは今日でも変わっていない。2013年のディズニー映画『ローン・レンジャー』でヘレナ・ボナム・カーターが扮した役柄、レッド・ハリントンの髪は何色だった（その名前がすでに大ヒント）？　ピエロ・ディ・コジモの1495年ごろの作品《マグダラのマリア》で、窓辺にすわって本を読んでいる平静で知的なマグダラのマリアと同じ、燃えるような赤である。何世紀も時を隔てた、似ても似つかない2人の女性は、その髪色に対する世間の等しい見方によっていまもつながっている。そしてこのつながりは、この考察の発端となった固定観念のひとつに、また赤毛の文化史上の大きな矛盾のひとつに、改めて気づかせてくれる。つまり、赤毛の女性と性的魅力との長年に及ぶ腐れ縁に、そして赤毛の男性はそういうものと無縁らしいという事実に（と言っても、ちょうどこれを書いているとき、ドラマ『シャーロック』の俳優で天然の赤毛であるベネディクト・カンバーバッチが、世界で最もセクシーな俳優に選出されたけれど[5]）。

本書は赤毛について、また赤毛であることについて、科学、歴史、文化、芸術の面から要約した概説である。美術や文学から、そして現代に至ったのちは、映画や広告からも例を取っていくつもりだ。赤毛について、生理学的現象としてはもちろん、文化的現象としても、過去と現在の状況を見据えつつ論じていく。赤毛の女性とセックス、赤毛に見られる性差という主題についてはあとで詳しく述べるが、本書は赤毛に関する学術知識とその歴史、及び今日の現代科学によってようやく理解されはじめた遺伝的性質の出現をたどっていく旅路でもある。男と女、善と悪、西洋と東洋でさまざまにちがう、赤毛に対する矛盾した態度についても探っていくことになるだろう。それは異分子についての研究であり、よく知らないものの話というのは、よく知っているものの話よりもずっとつまらないのが常だ。それでも、「だれが」「何を」「なぜ」「どんなふうに」とせっかちに尋ねるのはちょっと待ってほしい。まずは「いつ」「どこで」からだ。

第1章　はるか昔、何世紀も前に

この手の問題を解くにあたって重要なのは、逆行して推理できることである。
「緋色の研究」（アーサー・コナン・ドイル／1887年）

赤毛の初期人類――初期の現生人類のなかで最古の赤毛の遺伝子保有者であり、いま生きている赤毛の人の大多数の遺伝的祖先にあたる――がこの地球上に現れたのは、およそ5万年前のことだ。

当時の世界は、今日見ているのとはまるでちがう場所だった。サハラ砂漠のような、いまは乾燥して不毛な地域は、過ごしやすく緑豊かだった。西ヨーロッパの大部分を含む、温帯に分類される地域は、凍土帯《ツンドラ》であったか、氷床に覆われていた。その大氷原を、石器時代末期、すなわち後期旧石器時代のすばらしい巨大動物――毛むくじゃらのマンモス、オオツノジカ、体重200ポンドのハイエナ、サーベルタイガー――がどすどす、あるいはひたひたと歩きまわっていた。この動物たちを追っていった先には、20万年のあいだ狩猟採集民としてそこヨーロッパで暮らしてきたネアンデルタール人がいて、さらにじりじり進んでいくと今度は、たぶんやや体の小さい、最古の現生人類の姿がおぼろげに見えてくる。

　これらの初期人類は、約1万年前にアフリカを発って移動をはじめた。すでに中東や中央アジアでは、あちこちに集団で定住していた。彼らはやがてインド亜大陸の海岸線にも足を踏み入れ、太平洋を越えたオーストラリアや、はるか北の北極圏ロシアにまで到達する。極東での足がかりを見つけ、ある時点で、現在の北アメリカへ通じる陸橋（大陸間を結ぶ帯状の陸地）を渡る。その拡大には、古生物学者が後期旧石器時代の大変革と呼ぶ出来事によって（のみならず、おそらくは飢餓や強欲によっても）拍車がかかった。この大変革という語は、基本的な石器から、骨や石を加工した特殊な用具に至るまでの、道具作りにおける段階状の変化全般を指している。針から槍先まで多種多様な加工物は、以下に挙げる行為がはじめられた証にほかならない――最初の釣り具の考案、洞窟壁画を描く、身を飾る、ビーズを作るといった造形表現、共同体のあいだでの長距離貿易や物々交換、競技をすること、音楽を奏でること、食べ物を調理し味つけすること、埋葬の儀式。そして十中八九、言語が発生したのもその時代だ。

　こうした飛躍的進化がその時代に起こった理由はひとつではなく、それがはじまった時期や場所についての一致した見解すら存在しない。気候変動によって推進された可能性もある。氷床の減少か増大にともない、初期の現生人類は新たな技術や生き残り戦略を考え出すか、死に絶えるかしたのかもしれない。それは遅々とした変化だったとも考えられるが、初期の加工物のじゅうぶん大きな破片や、変化の速度を判定できる証拠はあいにく残存していない。突発的な遺伝子異常によって引き起こされた可能性もある。あるいは、気候変動も遺伝子異常も原因ではない可能性も。単に知りようがないのだ。今日までにあまりに多くの証拠が失われてきている。氷河の融解や海面の上昇によって、初期の海岸沿いの集落は呑みこまれてしまった。氷床上で流浪の民と死闘を演じたかもしれない人々の痕跡は、すべて消え去った。わかっているのは、4万年から3万5000年ほど前、中央アジアの草原に定住した人々が西方や北方の探険をはじめ、イランから黒海、さらにドナウ川流域へと歩を進め、ヨーロッパの未開地やロシアに入ったことだ。こうして彼らは新技術や信条や芽生えた民族意識とともに、赤毛の遺伝子を伝えた。

そう、意外かもしれないが、赤毛や、白い肌やそばかす（この2つについては後述する）の遺伝子の出どころは、スコットランドでもアイルランドでもないのだ。現に、これらの場所では地球上のどこよりも高い割合で赤毛に遭遇するというのに（スコットランドは人口に占める赤毛の割合が13％と突出していて、おそらくは40％が赤毛の遺伝子の保有者である。またアイルランドでは10％の人々が赤毛で、その遺伝子の保有者は46％に及ぶ）。なんらかの際立った特徴が多数出現している場所を、その特徴の発祥地だろうと考えるのは理にかなっているが、赤毛に関してはその理屈が成り立たない。その遺伝子は、初期人類がアフリカから移動をはじめて中央アジアの草原に定住するまでの、どこかの時点で発生したのである。

そう断言できるのは、科学者には分子時計として知られる、すばらしく明快な概念のおかげだ。この進化計算の一手法は、化石記録や微小分子の変化率を用いて2つの種が分岐してからの時間を推定するもので、必要とあらば、数千年ぶんにも及ぶ系図に表せる。これにより、集団が異なる種に分かれてどのくらい経つのかはもちろん、どれほど異なるのかをも判定することができる。タンパク質のアミノ酸配列やＤＮＡの塩基配列がひとつ変化するたび、時計の針がカチリと進むわけだ。化石記録に基準を置けば、分子時計によって、新たな遺伝的特性が初めて出現した地質史上の年代を推定できる。たとえば赤毛が、いや少なくとも、赤毛の遺伝子が発生した年代を。ここで話しているのは、赤毛の発現――赤い髪をした人間の出現――ではなく、あくまでも赤毛の遺伝子のことである。[1] こう限定せざるをえないのは、実のところ、そういう移動をした人々の数が驚くほど少なかったと思われるからだ。

アフリカからの移動が最後に果たされた時期は6万年前と推定されていて、当時のアフリカ大陸全土にいた初期人類は５０００人に満たなかったとも言われる。アフリカを出て、細く浅い紅海を越えて中東に入ったと推定される人々――その足跡がいまや水中深くに埋もれ、その子孫がホモ・サピエンスとなったであろう人々――の数は、おそらく１０００人にも届かず、わずか１５０人ほどであった可能性もある。それ以前にも移動はおこなわれていた――ジャワ原人や北京原人の化石、もしくは近年ジョージアで発見された１８０万年前のホモ・エレクトスの化石は、より古い時代にも同様のことがあった証である。ヨーロッパのネアンデルタール人集団は、初期の現生人類と共通する、おそらく30万年前の、はるかに古い祖先の血を引いていると考えられている。アフリカからの失敗に終わった移動は、古きをたどればまだまだあるのかもしれない――ピルグリムファーザー第1号の登場以前に、北米への植民を果たせなかったイングランド人が大勢いたように――あるいはもっと成功例があったとすれば、それらの遺伝的痕跡はいまなお、科学が解明しえない人体の深い領域に潜んでいるということだ。ただ、今日のシベリアなら大ニュースになるような激しい氷雪嵐や猛吹雪がなかったとしても、巨大肉食獣がいなかったとしても、初期の現生人類の新生集団にとって、世界はとてつもなく危険な場所であったし、そればかりか、共生するほかの種がきわめて少ない場所でもあった。[2]

なぜそう言えるのか？　それは、人類にとって大きな意味を持つ肌や髪や目の色には多くのバリエーションがあり、地球上には意味深く興味をそそる社会的・文化的差異が数かぎりなくあるというのに、遺伝子学上は、私たちは思いのほか異なっていないからである。

たとえば、ツツジ科（学名エリカケアエ）の植物を例にとってみよう。それは英国スカイ島の山腹に立つわが弟の家の周辺を彩り、カナダのクランベリー湿原を埋めつくし、ヒマラヤ山麓の丘陵で幅をきかす。ヒースも、クランベリーも、シャクナゲも、みなツツジ科なのだ。全部で4000のちがった種がある。それほどの遺伝的多様性を生み出すには、非常に多くの祖先がいなくてはならない。犬（学名カニス・ルプス・ファミリアーリス）の場合は、オオカミやジャッカルから足もとでうたた寝する人間の最良の友まで、9種に分かれている。その飼い慣らされた種自体にも、ダックスフントからブルドック、グレートデンまで、さまざまな犬種が含まれている。それにはどのくらいの遺伝的多様性が必要かを考えてみてほしい。チワワとセントバーナードのちがいに対して、自分たち人間どうしのちがいをどう示す？　私たちの手足は例外なく胴体と同じくらいの比率である。顔にしても基本の造作はみな同じだ。頭蓋骨の形も極端には変わらない。ある人はブタのような鼻をしていてある人はちがうということもない。耳がぴんと立っていたり、垂れていたりもしない。それでも私たちは数千年にわたって繁殖と交配を繰り返してきた。ほかの数多くの動植物の種と比べて、世界じゅうの人々のあいだに大きな差異がないのは、そのプロセスがはじまった時点で独自の遺伝子を持っていた人々の数が信じがたいほど少なかったためである。(3) 赤毛に関してひとつたしかなのは、赤毛の赤ん坊が生まれてくるには、母親と父親の両方がその遺伝子を保有していなくてはならず、さらには、両親ともが精子と卵子にその特定の潜性遺伝子を送りこむ必要があるということだ。ゆえに、それほど少数の人々がそれほど広大な地域に散らばっているなか、今日見つかるのと同じ割合で初期人類が赤毛の遺伝子を持っていたとしても、都合よくそういう男女が出会うことがなければ、何世代にもわたってだれも赤毛を見たことがなく、存在すら知られず、言い表す言葉もないままであったかもしれない。

こうした何千年も昔の祖先について語るうえで、もうひとつ心に留めておくべきは、反駁しようのない事実と言えるものは皆無に等しいということだ。大昔の証拠の細かな断片ひとつひとつに対して、同等の説得力を持つ仮説が半ダースは存在する。たとえば、ホモ・サピエンスがくだんの巨大動物やネアンデルタール人の絶滅を招いたと、私たちにわかるだろうか。いや、わからない。だが、ある者の出現が他者の消滅と同時に起こったことならわかる——たとえば、ヨーロッパ最後のネアンデルタール人は、入れ替わりに住み着いた新来者たちよりはるかに強靭な肉体とより大きな脳を持っていたが、2万4000年前までに絶滅している。最後の生き残りは、ジブラルタル沿岸の海に面した辺鄙な洞窟で死んだ。この地球上での近世の人間の行動を見れば、私たちは最有力の殺戮者候補にふさわしいと認めざるをえない。けれども、ホラアナハイエナやサーベルタイガー（約1万1000年前）、オオツノジカ（7000年前）、マンモス（最後の群れが4000年前までシベリア沖のウランゲリ島に棲息）、そしてネアンデルタール人の絶滅が、気候変動か疫病、または人類による侵略か過剰な捕食の結果として引き起こされた可能性も同等に高い。それらすべてが組み合わさって引き起こされたということもありうる。単に、知りようがないのだ。

とは言うものの、私たちは野心に富み、貪欲で、搾取や破壊に走りがちな種であり、〝異分子〟と見なすどんなものとも良好な関係を結ぶことはまずなかった。私たちは相違を発展の糸口ではなく、脅威ととらえる。そして残念ながら、そういう種族は私たちだけではない。

エル・シドロン洞窟は、スペイン北部の、ビスケー湾岸から少し内陸へ入ったところにある。最寄りの大きな町はオビエドだ。スペイン内戦のあいだ、その洞窟は共和国軍兵士の隠れ場所として使われていた。そこは昔からもの好きや怖いもの知らずを引き寄せてきたが、1994年に内部の床の砂利と泥のなかから2人の人間の顎骨とおぼしきものが発見されると、その保存状態が非常によかったことから、1936〜39年の内戦で悲運に見舞われた者たち――忘れられた内戦中の残虐行為の犠牲者――の遺骨だろうと考えられた。

その人骨はたしかに残虐行為の証拠ではあったものの、内戦よりずっとずっと古い時代のものだった。発掘された12人――男性3人、女性3人、10代の少年3人、幼児を含む子供3人――の骨は、ネアンデルタール人の拡大家族集団のもので、洞窟の外で待ち伏せされ、殺され、ばらばらにされて肉を食われたものと思われた。肉は石の鋭利なナイフで骨から削ぎ落とされ、長い骨は髄を貪るべく割られていた。彼らは同じネアンデルタール人の敵対集団の縄張りに迷いこんでしまい、その恐ろしい代償を払わされたのだろう。それとも、そんな暴挙がなされたのは、単に殺《や》るか殺《や》られるかの状況だったせいだろうか。彼らの死後、おそらくは嵐と鉄砲水が発生し、遺骨は洞窟内へ流され、その洞窟の天井が崩れて、以後５万年のあいだまとめて閉じこめられることになったのかもしれない。

ひとつの場所での大量の遺物の発見が、考古学者にとって多大な重要性を持つのは当然だが、エル・シドロンの家族がこれほど意義深い発見とされているのは、その全員に血縁関係があるようだからだ。彼らは、母から子へそのまま受け継がれるタイプの、３グループしかないミトコンドリアＤＮＡを共有している。実に成人男性３人ともが、その同じタイプのＤＮＡを持っているのだ。さらに、遺骨の保存状態が非常によかったため、法科学によって解読可能な量のＤＮＡの断片を抽出できたばかりか、各々の歯を元どおりに顎骨にはめこむことさえできた。そうして再現された各人の歯列にも共通した特異性があり、男性のうち２人は同じ遺伝子変異体を共有していた――白い肌と、そばかすと、赤毛をもたらすと考えられるものである[4]。

私たちはみな、数千年も前の最初の共通祖先、ネアンデルタール人と共通するＤＮＡをいくらか（おそらく１〜４％）保有している。時間を遡ると、現生人類が保有するネアンデルタール人のＤＮＡの割合はさらに増えるようだ。エッツィの愛称で知られるアイスマンは、１９９１年にオーストリアとイタリアの国境をなすエッツ渓谷の氷河で発見された、紀元前３３００年ごろの凍結ミイラだが、今日の現生人類よりも多くネアンデルタール人のDNAを保有していた。割合はそう高くない（5・5％と推定されている）が、じゅうぶん顕著な量だ[5]。

となれば、こんな仮説が生まれるのも無理はない――今日の赤毛の人の大半に見られる赤毛の遺伝子はネアンデルタール人特有のもので、その2つの種、ネアンデルタール人と初期の現生人類が出会って交配したことで（この点に関する科学的考察は進んでいないが、よくあることは実際よくあるのだと考えることにしよう）、その遺伝子が伝えられたのだと。気が荒くて怒りっぽいという赤毛の風評を考えても、その仮説が19世紀の人類学の揺籃期からずっと、赤毛でない人々の多くを面白がらせ、納得させてきたのはまちがいない。赤毛をめぐる議論ではいまだにしじゅう出くわすけれど、それはまったく見当ちがいの説でもある。エル・シドロンの赤毛の男たちを生み出した遺伝子変異体は、今日の赤毛の人に見られるものとは異なっている。これは、同じように見える結果が、かけ離れたいくつかの要因――私たちがこのあと遭遇する別のもの――から生じる現象の一例にすぎない。いずれにせよ、エル・シドロンの赤毛のネアンデルタール人に関してそもそも大注目すべき点は、その髪ではなく――そばかすであり、肌なのである。

今日、地球上のほぼすべての赤毛の人に赤い髪をもたらす遺伝子は、16番染色体上にあり、もしあなたが赤毛なら、そうなったのは、その遺伝子のあなたが持っているバージョンがうまく機能しなかったことに起因する。正常に働いていれば、そのMC1R遺伝子（正式名称で言うとメラノコルチン1受容体）は、茶色の目と、浅黒い肌と、強い太陽光を浴びても火傷に近い日焼けをしたり日射病にかかったりしない耐性を与えてくれる。肌と目と髪の色を褐色〜黒色にするユーメラニンという物質の生成を促すことで、それが可能になるのだ。ところが、ＭＣ１Ｒは安定していない。品質の悪いインターネット・プロバイダーのように、つながったり切れたりする。もしあなたが赤毛なら、あなたはほぼ確実に（珍しい病状が赤毛を生み出すケースもあり、太平洋のソロモン諸島には、まったく別の遺伝的突然変異による、よく目立つ赤みがかった金色のアフロヘアをした島民もいるので、絶対確実とは言えない）、ＭＣ１Ｒ遺伝子の特定の潜性変異体のコピーを２つ持っていることになり、このＭＣ１Ｒが（強い日光に対するさまざまな防護機能を備えた）ユーメラニンの生成を調整する際に、その大部分を黄色〜赤色のフェオメラニンに置き換えてしまったと言える。個々人の頭髪や皮膚細胞の色を決定する変異体の組み合わせは、途方もなく複雑なのだ。

ただ、この過程においてＭＣ１Ｒは単体で働くのではない。もうひとつ、４番染色体上にＨＣＬ２（正式名称は特にひねりもない、ただの〝ヘアカラー２［赤］〟）があり、これも赤毛を引き起こす一因となる。それにとどまらず（さっき言ったとおり、複雑なのだ）、赤毛はたしかに潜性遺伝子によって引き起こされるものの、潜性の赤から完全に顕性《けんせい》（優性）の茶や黒まで、多くの変異体が存在しうるうえ、それに劣らぬ数の、いわゆる〝共顕性（２つの対立遺伝子両方の形質が発現する状態）〟も混じってくる。

そんなわけで、ブロンドやブルネットの女性にはそばかすがあることが多い。ブルネットの女性は髪に赤みがあることも多い——厳密には、ユーメラニンとフェオメラニンをひとつひとつ混ぜ合わせて生成された髪の細胞に、だが。男性の場合、頭髪が茶色か金色なのに、赤色の顎ひげが生えることがある（これをひどくいやがる人もいるようだ）。茶色い髪にそばかす、赤い顎ひげというふうに、同一個体中に遺伝的に異なる細胞が混在したこの状態は、〝モザイク現象〟なる言い得て妙な名称で知られている。赤毛に生まれつく人は、ごく淡いストロベリー・ブロンドからこっくりした栗色《チェスナット》まで、どんな色合いになってもおかしくない。赤毛は〝連れをともなって現れる〟こともあり、その連れは、私の場合のように、青または緑の目と白い肌とそばかすだったり、琥珀色か薄茶色か焦げ茶色の目だったりする。年に一度の世界最大の赤毛祭りを運営する〝赤毛の日〟がおこなった最近の調査では、自分の目の色は薄茶色か茶色に分類されると回答した赤毛の人たちが全体の３分の１にのぼった。さらに（ほんとうに面白くなるのはここからだ）、ほかの赤毛の人の大半が日よけ帽やサングラスや日焼け止めを取りに走るような日光を物ともしない、浅黒い肌を生まれ持つケースもある。普通、赤毛の人と強い日差しはどうあっても共存しえないというのに。本書巻頭の〈ヨーロッパの赤毛地図〉を改めてご覧になれば、赤毛の発現率が北緯45度線より南でぐんと低くなっているのがわかるだろう。しかし、アフガニスタン、モロッコ、アルジェリア、イラン、インド北部とパキスタン、中国の新疆《シンチャン》ウイグル自治区のいずれにも、古代にはその土地生まれの赤毛の民がいた。戦士集団クズルバシュの総司令官にしてイランのサファヴィー朝の創設者である、イスマーイール１世（１４８７～１５２４年）は、赤みがかった髪をしていたと15世紀イタリアの年代記編者ジョサファト・バルバロが記しており、ウフィツィ美術館にある、ヴェネツィアの無名画家によるその肖像もたしかに、鷲鼻の下に赤い顎ひげと口ひげをたくわえている。彼のあとサファヴィー朝を継いだタフマースプ1世は、イラン最大の民族叙事詩『シャー・ナーメ』の挿絵を名匠たちに描かせたといい、現在メトロポリタン美術館が所蔵するその16世紀の写本には、赤ひげの勇者ロスタムが描かれている。古代世界のナポレオンたる、アレクサンドロス大王が紀元前３２７年に娶った妻ロクサネは、現在のアフガニスタン北部にあたるバクトリアの生まれで、赤毛だったと言われている——現代のモロッコ王妃ラーラ・サルマを見れば、赤毛の美女ロクサネの姿を想像できるかもしれない。そして太平洋のソロモン諸島では、また別の遺伝子トランプがシャッフルされ、この場合は熱帯の太陽に耐えられる肌の黒さをもたらした（図29）。赤毛の歴史のなかで、典型的なケルト人形質の発現——寒冷で雨の多い気候と曇で覆われた空に適した、白い肌と青い目——とよく言われるものは、もともとまったく典型的ではなかったのかもしれない。事実、初期の現生人類のあいだで白い肌が初めて見られたのは、わずか2万年前のことと推定されている[6]。

　たいていの遺伝的突然変異は、広く行きわたるよりも死に絶えることが多く、かんかん照りのアフリカの空の下で白い肌を晒すほど不利な環境では、その不幸な保有者をも道連れにする。母なる自然を賢明と言いきるのは行きすぎかもしれないが、彼女が自己責任で、無情なまでに効率よく遺伝子プールの掃除をしているのはたしかだ。生存に適さぬ者は、ただ滅びる。ただし遺伝の気まぐれが、その遺伝子を伝える者たちに強みを与えれば、その突然変異もその保有者も、生き残って勢力を増す。北方の空の下の白い肌がまさにそれだ。ユーメラニンの生成が抑制された結果、白めの肌をして生まれたなら、その身体は、あるだけの日光を用いて、黒めの肌をしてい

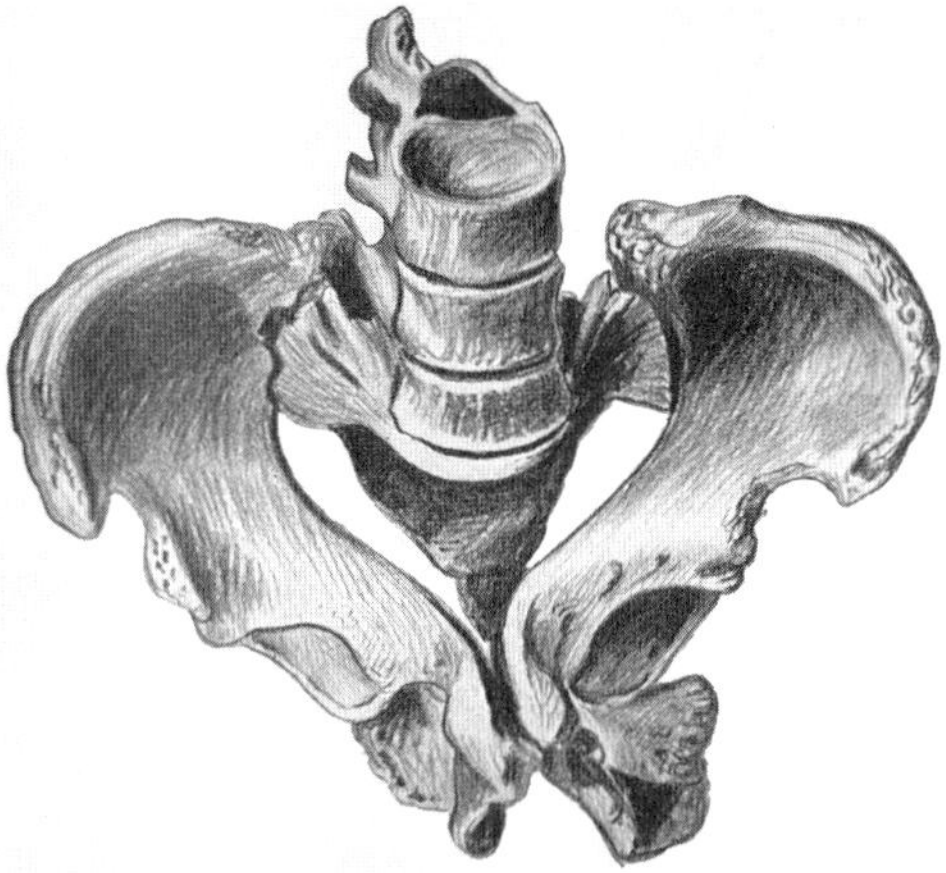

図3　くる病を患っている女性の骨盤の医学図。産道がゆがんでせまくなっているのがわかる。

た場合よりずっと効率よくビタミンDを合成するようになる。そして氷床が後退したとき、数を増しつつある初期の現生人類の集団はロシアからスカンジナビアへ、ついにはヨーロッパ北部全土へと移動した。そうした地方では日照が乏しかったため、MC1R遺伝子は、遺伝学者の言う〝機能不全の変異体の変異体〟に突然変異することができ、その変異体の保有者を死に追いやることもなかった。それどころか、この集団が北上すればするほど、白い肌はいっそう有利な形質となった。ビタミンDが足りていれば、骨格はしかるべく形成される。足りていなければ、骨は軟らかくなって発育が止まり、歩き方を覚えるとき、両脚で自分の体重を支えられない。これが〝くる病〟である。大人が発症した場合は骨軟化症となり、骨からのカルシウム浸出を引き起こす。子供の場合は手足が不自由になる。くる病を患う出産年齢の女性は、子供のころに骨盤をゆがめてしまっているため、月が満ちるまで妊娠を維持するのが難しくなり、分娩は命にかかわるとは言わないまでも、危険なものになる（図3）。

初期の狩猟採集民のように、タンパク質のほとんどを肉の形で摂取する共同体では、ビタミンD欠乏症を患うことはめったにない。肉からビタミンDを摂取できるからだ。けれども初期の現生人類の集団は、定住し、農民となり、穀物を育てて食べる傾向にあった。食品からビタミンDを摂りづらい環境では、白い肌が体を壮健に保つのを助けた。とりわけ、いつにも増してビタミンDを必要としている、妊娠中や授乳中の女性には大きな利点となった。ただ、赤色が古くから直感的に連想させてきたものすべて（炎、血、情熱、成熟）を考え合わせると、こんな疑問が浮かんでこなくもない。赤毛の女性がしばしば持たれるきわめて性的なイメージは、ここで生じたのではないのか――赤毛の女性を連れ合いに選んだら無事に子供が生まれた、赤毛の遺伝子を受け継いだその白い肌の子供たちも同様だったというような、単純な事実に助けられて[7]。

これにはまた、〝遺伝的浮動〟の無作為の謎もからんでくる。遺伝的浮動とは、同一集団内で遺伝的変異体、すなわち〝対立遺伝子《アレル》〟が無作為に選ばれ、その発現頻度が増減する現象を示す用語だ。ここで理解してもらうべき重要な学術用語はいくつかあるが、その概念をつかむには、学校で初めて撮った集合写真を思い浮かべてもらうのが手っ取り早いだろう。日差しに目を細め、地面にあぐらをかいてすわっているあなたが、1個の対立遺伝子で、1個の遺伝的変異体だ。あなたと級友全員が並んだ最前列は、ハプロタイプと呼ばれるもの――関連のある対立遺伝子のセット――を形成し、それらはみな同じ形で受け継がれる可能性が高い。そして学校の全生徒があなたのハプロタイプの集団、つまりハプログループになる。

集団が大きい場合、対立遺伝子の発現頻度の増減が目につくほどになるまでにはかなりの時間がかかることがある。何しろ偶然のみに左右されるため、次の世代までにその頻度が何かしら変わることもあれば、なんら目立った増減をせずに終わることもあるかもしれない。けれども小さな集団では、（たとえば）赤毛のような、そのグループ内での特定の対立遺伝子の定着が急激に起こることが実際にありうる。小集団、国境地方、人の遺伝子の激しい潮流に巻きこまれることのない、アイルランドやスコットランド西岸のような土地では、その影響がほんの数世代で確立されることもある。さらに言えば、無作為の謎でもなんでもない性淘汰（異性にとって魅力的であるよう進化したと考えられる形質の淘汰）や、赤毛の定着は、レバント地方、コーカサス山脈やアトラス山脈の極小集団のなかでは、ごく当たり前に見られる現象となる。あの『ゲーム・オブ・スローンズ』の〝野人〟のあいだにもやはり見られるように。赤毛は、歴史を通して、思いもよらない場所で生じることが約束されてきたのである。

第2章　黒、白、赤は至るところに

人は自身と似た姿の神をつくる──
エチオピア人の神は黒い肌と獅子鼻をしていて、
トラキア人の神は青い目と赤い髪をしている。
クセノファネス

通称ヴィーコ・デル・ファルマシスタにあるマルクス・ファビウス・ルフスの家は、ポンペイでこれまで発掘されたなかで最大の住居である。4つの階に分かれていて、当時のポンペイの港をローマが征服した紀元前80年から、その都市が滅びた79年まで、途切れることなく住まわれていたようだ。M・ファビウス・ルフス（その名は使用人部屋の下卑た落書きのひとつに残されていたのだが、未発見の亡骸が屋内の4つの階のどこかに眠っている可能性は大いにある）は、この家の最後の所有者だった。160余年のあいだには何度も所有者が入れ替わり、歴代の主人はみな、なんらかの形で間取りや各部屋の装飾に手を加えている──ここに出入口を設けて、あちらの出入口は封じて、この部屋は広くして、そこは塗りなおして、という具合に。やがてヴェスヴィオ山の噴火が起こり、地震と容赦ない火山灰の嵐がポンペイを襲った。考古学者らがようやくM・ファビウス・ルフスの家を発掘したとき、その噴火の際の地震により、71番の部屋の壁が一部崩れ、その奥の別の壁が露出していた。そのフレスコ壁画の様式から、前の世紀に描かれたものと推定された。

そのフレスコ画には、半開きになった2枚の扉のあいだに立つ女性が描かれていた。大きな目と、まるみのある可憐な唇と、ふんわり膨らませた髪型をした彼女は、肩で支えて乳飲み子を抱いている（1歳ぐらいのその男の子は、古代ローマのプット〔キューピッド風の幼児像〕を細長くした感じで、背を向けて母親にしがみつき、後世の人々に裸のお尻を愛らしく晒している）。小ぶりの王冠とおぼしきものを戴いた彼女の髪は、暖かみのある、というか赤っぽいとも言える褐色だ。近年の研究によると、その女性は、古代ローマの母なる女神《ウェヌス・ゲネトリクス》に扮したクレオパトラであり、その子供は紀元前47年に生まれた、母の言によるとユリウス・カエサルを父に持つ、息子のカエサリオンと見てしかるべきだとされている。(1)

人物鑑定の根拠となったのは、その女性がクレオパトラの大理石の胸像2体――1体は現在ヴァチカンに（これも以前は子供の像と対になっていたと思われる）、もう1体はベルリンにある――に似ていること、王冠を戴いていること、フレスコ画に描かれた半開きの扉2枚とその周囲の光景が、紀元前46年にカエサルがローマのユリウス広場《フォルム・ユリウム》に建てたウェヌス・ゲネトリクス神殿の外観を彷彿させることだった。その神殿には、紀元前46年から44年までローマにいたクレオパトラその人をモデルにしたと悪意をこめて吹聴される、金張りの女神像が飾られていた。紀元前44年にカエサルが暗殺され、やがてその姪の息子である正式な後継者オクタウィアヌスが、アウグストゥスとして皇帝の座に就いたことを受け、このポンペイの家の当時の所有者は、カエサルへの憐憫の情を秘するべく、そのフレスコ画を壁の後ろに隠したと考えられている。[2] このようにして、興味深くも、赤毛の歴史はローマの現実政治《レアルポリティーク》と接点を持った。しかし、よく言われる、クレオパトラが赤毛だったという証拠は果たしてあるのだろうか？

別の言い方をするなら、何が、そしてだれが赤いのか？　ある人には紛れもない赤に見える色が、別の人には栗色《チェスナット》を帯びて見えるということもあるし、本章の最初に引いた、クセノファネスのあの信頼できそうな言葉でさえ、見かけほどたしかなものではないのだ。クセノファネスは古代ギリシア語で文章をしたためたが、一部の翻訳者は、原文の〝赤い〟を〝金色の〟と訳している。しかも、彼の記した文章は他者の著作に引用されることによってのみ、私たちに伝えられた。くだんの引用文は、クセノファネス（前570年ごろ～475年ごろ）が独自の考えを述べてから5世紀後に、キリスト教会の創始者アレクサンドリアのクレメンスが自著に書き記したものだ。あのM・ファビウス・ルフスの家の〝クレオパトラの肖像〟と言われる壁画は、それと似た変形を経たものなのである。クレオパトラの治世に鋳造された硬貨の公の肖像を見るかぎり、本人は大きな目もまるみのある唇も持ち合わせていない。そこに浮き彫りにされているのは、鉤鼻と言っていいほど鼻が高く、冷ややかで小賢しい笑みを浮かべた女性だ。またクレオパトラは、明らかに北緯45度線よりずっと南の国、エジプトの生まれであり、彼女が天然の赤毛だった可能性はかぎりなく低くなる。それから、エジプト人がかつらを使っていたことも忘れてはならない。考古学者が発掘したかつらのいくつかは、ナツメヤシの赤みがかった繊維でできていたことがわかっている。エジプト人には髪を染める習慣もあった。それどころか、今日の私たちが使うのと同じくらい多種多様な毛染め剤やジェルやワックスを髪につけていたようだ。現在、カイロのエジプト考古学博物館にある、クレオパトラの1200年ほど前にエジプトを治めた偉大なファラオ、ラムセス2世のミイラは、染めた赤い髪をしている。紀元前1213年に90歳で没したラムセスの地毛は、その時点では当然ながら白かったが、生前に、あるいは防腐処置の一環として、ヘナ染料で染められていた[3]。ラムセスの生前の髪色に倣ったのだろうと推測する人もあろうが、それはあくまで推測でしかない。実のところ、赤毛はエジプトの文化にいくばくかの葛藤の歴史を刻んでいたようなのだ。赤は、暴力と無秩序の神であり悪意に満ちた砂漠の王である、セトを象徴する色であった（女神イシスに捧げるエジプト人の祈りには、〝邪悪で赤いすべてのもの〟からの救済を請うものがあるとされている[4]）。セトを信仰していたラムセス一族が権力を握る前には、赤毛の男性が毎年ひとり、供物として生きたまま焼かれていたと考えられている――少なくとも、それから1000年以上のちの紀元前60年から30年のあいだに、ギリシアの年代記編者シケリアのディオドロスが記したところでは。こうした古代世界の注釈者や年代記編者は、希少な物言う証人ではあるけれど、彼らの言葉が死んだ星からの光となって私たちに届くころには、こだまのようにひずんだ、ときには彼方から長い長い回線を伝ってきた雑音程度のものになっている。詳細は部分的にしかわからないうえ、彼らがどんな状況下で書いていたのかすら不明な場合がある。推測頼みの私たちが、そうした史料を用いて古代世界を再建するには、みずから探偵に——考古学者もどきに——なるほかない。いずれにせよ、見かけほど単純にはいかないのだが。

ともあれ、クレオパトラに戻ろう。ポンペイのフレスコ画にとどめられているのは、結局のところ、現実の女性の姿ではなく彫像の姿なのだ。生きて息をしている人間そのものとは天と地ほどかけ離れている。ローマはポンペイから150マイルの距離で、どんな移動手段を使うにせよ、使命を帯びた画家にとってそれほどの遠路ではなかった。古代世界の彫像は、今日私たちが見るような乳白色そのままの状態で完成とされることはめったになく、彫りあがったものはたいてい彩色され、立派なものは金張りにもされた。よって、あのフレスコ画に描かれた人物の色合いは、現存しないもとの彫像の色をとどめているのかもしれないし、画家がどんな絵の具を入手しえたかを証明しているだけかもしれない。古代世界の絵の具は、土性顔料、鉱物顔料、植物染料にかぎられていたが、画家の狙いがなんであったにせよ、描かれたその偶像は、迫力において実物の見た目を凌駕しただろう。見る者の目がすべてなのだ。歴史上の赤毛の人物に関するウェブサイトの一覧には数多《あまた》の名前があるが、その全員に共通する点のひとつは（彼らの髪色をめぐる論争がはっきりした結論に至ることは永遠になさそうな点は別にして）、いかにも赤毛らしくふるまっていたことだ。ポンペイのフレスコ画に私たちが見ているのは、ただの赤褐色の髪をした女性ではなく、カエサルの愛人であり、アントニウスの恋人であり、王国を危機に陥れ、征服よりも死を選んだクレオパトラ——赤毛の典型として本書でも繰り返し言及する、魅惑的、官能的、衝動的、情熱的で、燃えるような赤い髪をした男たらし——なのである。彼女の髪が赤色に見えるのは、私たちがそう見たいからだ。赤ほど似つかわしい色がほかにあるだろうか？
では、古代世界のだれが赤毛だったのか。本物の赤毛はどのくらいいたのだろう？

トラキア人の王国は、いくつかの部族領のまとまりをそう呼べるなら、およそ紀元前1000年から、約1700年後のローマ帝国衰亡のころまで存在した。その領土は黒海の西側からエーゲ海まで、現在のブルガリアの大部分と、トルコとギリシアの一部を含む地域に広がっていた。トラキア人は馬を駆る戦士であり、彼らとの初期の接触は、ギリシア人ものちのローマ人も身をもって知ったとおり、流血の惨事となるのが常だった。彼らの出陣の踊りでさえ、生半可な参加者にはついていけないほど荒々しかった。ギリシアの歴史家ヘロドトスによると、トラキア人は〝戦闘と略奪によって生きるのは、何よりも誉れ高きこと〟と信じていたらしい。[5] そういうことに夢中になれないトラキア人はおそらく、酒を賭けた人気のゲームにふけっていたと思われる——まず、自分の首に縄をかけた状態で岩の上に立つ。そして友人のひと蹴りで足もとの岩がどけられた瞬間、首が絞まる前に愛用の短剣で縄を断ち切れれば勝ち——言わばトラキア人版のロシアン・ルーレットだ。[6]

ギリシア人は、早ければ紀元前600年には、トラキア人の傭兵を自分たちの軍に雇い入れていた。そのころにはもう、力ずくで話をつけてトラキアの海岸沿いにギリシアの交易所を置いていた。アレクサンドロス大王がその300年後に、同じことをする。トラキア人と戦ったのちに雇い入れたのだ。今日に至るまで、アフガニスタンやカシミールの子供が意外にも緑の目や赤い髪をしているのは、2000年以上前、アレクサンドロス大王の軍隊がそれらの地域に立ち寄ったせいだとしか説明されてこなかった。遺伝的真実の種を宿してすらいない、そんな安っぽい言い伝えをだれが口にしているのだろう？　紀元前73年、ローマは剣闘士スパルタクスの率いる内乱に直面していた。スパルタクスはローマとの軍事対立の背景を持つマエディ族出身のトラキア人だ（ローマの年代記編者プルタルコスは、スパルタクスの出自を詳述してくれているが、腹立たしいことに、彼の髪の色は書き落としている）。戦闘に長けていたばかりでなく、トラキア人は銅や金を加工する一流の職人でもあり、その墓の精巧な装飾が示すとおり、黄泉の国や来世をも視野にとらえる、高度に進化した信仰を持っていた。そして自分たちの神話の多くを次々とギリシア人に貸し与えた。もっとも、トラキアの神々はオリンポスの神々よりずっと邪悪で御しにくくはあったけれど。トラキア人はまた、古代世界に名だたる〝野蛮人〟でもあった。ギリシア語を話すことに難色を示したうえ、代々受け継いできた社会構造を手放すことも拒んだ。都市を造ってそこに暮らすという考えをいっさい受け入れず、部族の小さな共同体にとどまった。〝トラキア人に首長がひとりいるか、みなで話し合うことを知っていたなら〟とヘロドトスは嘆かわしげに述べている。〝私が思うに……彼らはほかのどの民族をも凌駕しただろう。だがトラキア人は、そのように団結することができないのだ〟

トラキアの北、黒海の上端には、スキタイ人の土地があった。遠く東のイランに起源を持つ騎馬民族だ。スキタイ人については聖書にも記述がある。コロサイの信徒への手紙、3章11節――〝そこには、ギリシヤ人とユダヤ人、割礼の有無、未開人、スクテヤ人、奴隷と自由人というような区別はありません〟（新改訳第3版）。スクテヤ人、すなわちスキタイ人は野蛮な者の最たる例だと言わんばかりだ。戦士としても名高く、ことに射手として恐れられていた彼らは、紀元前7世紀から紀元後4世紀にかけて繁栄した。古代の著述家が〝スキタイ人〟という言葉をかなり広い意味で使っていた（今日の考古学者もやむなくそうしている）ことさえ忘れなければ、ヘロドトスがここでも私たちの案内役になってくれる。スキタイの北部、ゲロノイという都市についての著述で、彼はそこに住む人々をブディノイと呼び、〝だれもが深い青色［翻訳によっては灰色］の目と鮮やかな赤い髪をした、強大な民族〟だと書いている。一説には、スキタイ人、とりわけブディノイは、ロシアのヴォルガ川に臨むウドムルト共和国のウドムルト人の祖先であった可能性があると言われている。(7) なぜそう考えるのか？　それは、19世紀の人類学者が彼らと遭遇してからというもの、ウドムルト人は、アイルランド人やスコットランド人とほぼ同じくらい人口に占める赤毛の割合が高い、特に注目すべき人々として世に知られてきたからだ。ヴォルガ川に臨むウドムルト周辺地域は、〈ヨーロッパの赤毛地図〉上ではカスピ海の北にある、赤毛の頻発地帯である。

これだけでもじゅうぶん興味をそそられるが、それ以上に興奮するのはこんな可能性だ――スキタイ人の過去を探っていけば、はるか東方のチベットやモンゴル、現代の中国国境にまで行き着くかもしれず、さらにはスキタイ人の祖先が、後述するタリム盆地の文明やタリムのミイラと関係しているかもしれないのだ。

赤毛の歴史は、人類の移動の歴史と結びついている。ある人々が別の人々、もっと言えば〝別のひとり〟と出会い、そうした出会いのひとつひとつが、現代まで連なる赤毛に対する文化的反応に新たな層を加える。赤毛はそうした出会いを記す、非常に便利ではっきりした目じるしであり、わけても人類の4大離散と結びついている。ケルト人、ヴァイキング、ユダヤ人の離散についてはいずれ言及する。だがひとまずは、4つの主な離散のうち最初に起こったものからはじめよう――中東から黒海沿岸まで旅したのち、ドナウ川（これ自体、スキタイ人の持ちこんだ言葉から名がついたとも考えられている）の谷に落ち着いた部族のそれだ。人類の移動の歴史を西方ではなく東方へたどり、トラキア人やスキタイ人より前の、ラムセス2世の治世まで時代を遡れば、赤毛の歴史の起点とされる場所、中央アジアの草原に行き着くだろう。そしてもし、数千年前、西へ向かうのではなく東へ進路をとったなら、その先のタリム盆地にある、現在のタクラマカン砂漠にたどり着くだろう。

　タリム盆地の文明と、西洋の考古学者らによるその発見にまつわる話は、どれもこれも映画『インディ・ジョーンズ』シリーズからそのまま拝借したかのように聞こえる。その地域にいちはやく足を踏み入れたヨーロッパの探検家たちの逸話をいくつか紹介しよう。まずはニコライ・プルジェワリスキー――蒙古野馬《プルジェワリスキー馬》に発見者として名前を与え、ヨシフ・スターリンは彼の隠し子だという都市伝説を持つ人物。次いでアルベルト・フォン・ル・コック――40歳にして考古学研究に目覚めたドイツのビール／ワイン王で、その探険旅行にはほかならぬドイツ皇帝ヴィルヘルム2世が出資し、ベルリンへの帰還にあたっては7ハンドレッドウェイト（317キログラム相当）を超す人工遺物を船便で送ったという。この男は、中国北西部の洞窟で手ずからこつこつと掘り出したフレスコ画に、青い目をした赤毛の人物が描かれていたことから、自分が発見したのは新たなアーリア人の中心地だと力説した。そしてサー・オーレル・スタイン――彼がナイトの爵位を授与されたのは、中央アジアへの影響力をめぐる英露間の情報戦〝グレートゲーム〟でスパイとして果たした役割のみならず、その考古学上の発見に負うところも大きい。こうした初期の考古学者らが発見したのは、集落や果樹園、かつてはポプラやギョリュウの木が陰を作り、何世紀か前に涸れた川の水が流れていたオアシスの遺跡だが、いまはみな、広がりつづけるタクラマカン砂漠（この名称は〝入っていけても、出てこられない〟と訳せる）の砂丘の下に埋もれている。そして、タリム盆地のへり周辺のさまざまな墓地の遺跡では、タリムのミイラそのものが、少なくとも数百体見つかった。ミイラ化にはもってこいの寒冷で乾燥した気候のおかげで、ほぼ完璧に保存されていたため、古代の穀倉の遺跡に古代のネズミの遺骸がそのまま残っていたほどだ。これらのタリムのミイラが示しているのは、現在の中国西部、一方は〝〜スタン〟と名のつく国々、もう一方はモンゴルと国境を接する新疆《シンチャン》ウイグル自治区に、少なくとも紀元前2000年からおよそ紀元後200年まで、ほぼ現代人並みの身長で、白い肌と金色の髪をした人々が――いくつかのケースでは、この発見の正式な報告書に記されているとおり、本物の赤毛を持つ人々が――住んでいたということだ。彼らは白色人種《コーカソイド》特有の骨張った顔立ちと、アジア人らしからぬくぼんだ眼窩におさまる淡色の目を持っていた。さらに、彼らをヨーロッパのケルト系部族と結びつける織物を織り、身に着け、おそらく取引していた。(8) 要するに、4000年前の中国西部には、当時セーヌ川やテムズ川沿いに住んでいた部族に劣らずヨーロッパ人らしく見える人々が住んでいたのである。M・ファビウス・ルフスと同じく、ヴェスヴィオ山の噴火で命を落とした（肥満体のうえ喘息持ちで、軽石が降り注ぐなかを無事に逃げきることができなかった）ローマの著述家、大プリニウス（23年〜79年）が、『プリニウスの博物誌』（中野定雄、中野里美、中野美代訳／雄山閣／２０１２年）に、その中国西部の人々のことを書き記している。クラウディウス帝のもとを訪れていた、タプロバーネ（現代のスリランカ）の外交官から仕入れた土産話として。

それらの人々は、聞くところでは、標準をうわまわる身の丈があり、亜麻色の髪と青い目をしていて、意思疎通のための独自の言語を持たず、しゃべる代わりに耳障りな音を発するという。

この〝耳障りな音〟とは、学者がトカラ語と呼ぶ、かなり初期のインド・ヨーロッパ言語であった可能性がある。プリニウスの記述によると、それを話す人々は〝セレス〟、つまり〝絹の土地の人々〟の名を与えられていたらしい。これは、タリム盆地の人々と、黒海及びその先のヨーロッパに住む人々とが、どのように、なぜ交流していたのかに関する非常に大きな手がかりである——タリムは、これまでに存在したなかでもとりわけ重要な広域の交易路、シルクロードの途上にあったのだ。

地球は大陸や国に分かれていて、それぞれの地に特定の外見を持つ人々——アフリカ人、ユーラシア人、コーカソイドなど——が出現したと私たちは考えがちだが、それは単に、現時点で世界がどう見えているかにすぎない。数千年前、それらの境界はいまと同じようではなかったかもしれない。私たちの祖先は勇猛で恐れ知らずの探検家だった。その道のりは、コーンウォールからフェニキア（地中海東部の古代国家）の海岸に至る２５００マイルだったかもしれないが、その2点間では交易がおこなわれていた。パキスタンとアフガニスタンにはさまれたヒンドゥークシ山脈から中国へ到達するには、陸路で7カ月かかったと思われるが、それでも行き来はあった（まちがいなく、スリランカ〜ローマ間の、距離にして７５００マイルを超える旅もだ）。そして商品が取引されていたのなら、部族間での縁組みや婚姻もなされていたと考えなくては不自然である。

　スキタイ人は、ウクライナからモンゴルとシベリアのあいだのアルタイ高原に及ぶユーラシア全土に、クルガンと呼ばれる墳丘墓《ふんきゅうぼ》を残した。それらの墓の多くは、金や銅を加工した精巧きわまる品々の宝庫であることがわかっている。そこからは人骨も出土し、スキタイ人が遺伝子の分類ではＲ－Ｍ17のハプログループに属することが明らかになった。中央アジアよりも東ヨーロッパにいま住んでいる人々とはるかに密接に関係したグループで、スキタイ人が白い肌や、青か緑の目や、淡い色の髪をしていたのはそのせいだろう。[9] よって、スキタイ人の祖先と、肌の白い、コーカソイドの容貌を持つタリムのミイラの祖先とのあいだにはつながりがあったと考えられる。また、意外にも赤い髪と緑の目をしたカシミールやアフガニスタンの子供たちは、紀元前３２０年代にアレクサンドロス大王の軍隊がその地を通った痕跡をとどめているのではなく、おそらくはるかに古い、地球上に最初に現れた赤毛の人の血筋をいくらか引いている可能性さえ出てくる。移動する放浪の民ゆえ、小さくて運びやすい美術品しか持たなかったスキタイ人の墓からは、これまでのところ絵画がほとんど出土しておらず、彼らが己の姿をどう描いたかを知ることはできない。けれども、トラキア人の墓からは見つかっている。

ブルガリアの首都ソフィアから百数十マイル東、現在のその国のちょうど中心あたりの谷に、トラキア人の墳丘墓が300もある。それらのひとつが、紀元前330年～310年に造られた、いわゆるオストルシャの墓だ。そうした墓の多くと同様、その葬送用寝台はいまは空っぽ（トラキア人の金属加工職人としての定評とトラキア産の金が、ごく早い時代から墓泥棒を惹きつけていたということだ）だが、この墓の場合はそもそも死者のみが埋葬されたのではなかったかもしれない。墓が開かれたとき、一頭の馬の骸骨と、その胸のそばで錆びついたナイフが見つかった。哀れな馬はそこへ連れこまれ、寝台の上の天井に描かれたトラキア人の天国まで主人の供をするよう、心臓を刺し貫かれて殺されたものと考えられる。(10)

オストルシャの墓の格天井《ごうてんじょう》はなんとも見事だ。硬い岩を削り出した、方形の深い格間《ごうま》が整然と彫られ、縁取りをなす区画にもその中央の区画にもふさわしい装飾が施されている。格間に描かれているのは、哀悼の光景（たとえば、トロイアの英雄であった息子アキレウス――彼も赤毛だったとする説がいくつかある――の死を嘆く女神テティス）や、あの世への旅の光景で、32番の格間には、若い女性の肩から上の絵が収まっている（図4）。寝台を見おろしているかのように、首を左に傾げた彼女の顔は、2300年ぶんの傷みが蓄積していてなお、かなりの色白だ。バラの花びらのような肌と、優しげな雰囲気と、いまも心をつかむ澄んだ静かな目を持ち、赤い髪をしている。この絵の女性は、女神デメテルか、その娘のペルセフォネではないかと推測できる。どちらの女神も、生と死と再生の周期を司っていたし、年の変わり目という概念と密接にかかわっていたので、その若い女性の赤毛を、炎や、冬の低い太陽や、日の入りと日の出、生まれ変わり、冬と春の象徴ととらえるのは自然なことである。

　オストルシャからさらに１００マイルほど東の、黒海沿岸のほうへ向かっていくと、アレクサンドロヴォ村の付近に、また別の墓がある。これもまた紀元前4世紀に造られたものだ。その外形はオストルシャの墓とは異なっている——装飾天井はなく、断面がイグルー（イヌイットのドーム型の住居）に似ていて、土の塚が上に盛ってある。２０００年12月にこの古墳を見つけた宝探しの一団がそうしたように、低くてせまいトンネルからなかへ入り、墓の中央の部屋に立つと、頭上に春夏秋冬の狩りの光景を描いたフレスコ画が見える。獲物は雄ブタやシカで、猟師が獣の喉を槍で突いているところや、猟犬たちが背中に飛びかかっているところが活写されている。猟師は丈の短いチュニック姿であったり、もっと暖かいズボンにブーツという姿であったりする（四季折々の光景と見なす理由のひとつがそれだ）[11]。猟師のひとりは馬にまたがっているので、この男がそこに葬られた〝英雄〟その人だろうと推測されてきた。だとすると、ほかの猟師たちは何者なのか？　ある光景には、太って腹の出た男が真っ裸で猛り立ち、斧を武器に、自分の倍はあろうかというシカに突進する様子が描かれている。別の猟師はもっと筋骨隆々で——いかにも勇者然として——槍を掲げて立ち、雄ブタにとどめの一撃を見舞おうとしている。この男の脚はむき出しで、日焼けで赤くなっているようにも見える。髪の色は黒っぽいが、顎ひげに関しては、画家はわざわざ絵の具を変えて、赤色で描いている。
古代世界を自分たちの世界さながらに読みとろうとすると、ひどく道に迷うことがある。考古学的に見て、アレクサンドロヴァの墓が少なくとも二度開かれたことは明らかで、石の長椅子やテーブルだったとおぼしき遺物も見つかっている。中央の部屋に至る通路の天井がだんだん低くなっていること、天井の狩猟の絵が環状に配されていることから、その部屋自体は聖堂として使われ、室内の長椅子やテーブルも含めて、私たちの知らない儀式や典礼のためのものだったことがうかがえる。しかし描かれた光景や細部はきわめて具象的（かくも猛々しくシカを追う太った裸の男に、赤ひげの〝勇者〟なので、別の解釈もしたくなる――くだんの2人と馬上の男は一緒に狩りをする仲間で、絵に描かれた出来事にはみな覚えがあり、馬上の男の死に接した友人たちは、しばしその部屋に集まり、飲み食いしながら故人を偲んだ――そんな彼らの姿が目に浮かぶのだ。そして、そのうちのひとりは赤い顎ひげを生やしていた。

ここでいくらかの背景を提供してくれるのがヘロドトスだ。ヘロドトスは紀元前484年ごろ（クセノファネスが長い一生を終えてまもないころ）に、現在のトルコ南西部のボドルムにあたる場所で生まれた。トラキアは彼にとってもはや遠い場所ではなく、かの地の慣習にも、アメリカにとってのカナダのそれと同じ程度には通じていたことだろう。紀元前450年ごろ、ヘロドトスはトラキアに滞在し、トラキアのさまざまな部族のさまざまな習慣を『歴史』に書き綴っている。いくつかの部族は一夫多妻のならわしを持ち、最も愛されていた妻が夫と同じ墓に入ることになるため、当然、その特権をめぐる争いがあったという。トラキア人がいかに結婚前の娘たちを〝放任〟して〝好き放題にさせている〟か、そして望まれずに生まれた子供たち――そういう子供が生まれてくるわけは推して知るべし――が奴隷商人に売り渡される成り行きを、ヘロドトスは興味ありげに詳述している。また、彼らの埋葬儀式やディオニュソス崇拝についても書いている。トラキアはオルフェウスの生誕地として名高かった。竪琴の名手オルフェウスは、耳に快い調べを奏でることで、川の流れを変え、木々を踊らせ、亡き妻エウリュディケをあの世から連れ帰ることにも成功しかけた。トラキアは彼の絶命の地でもあった。ディオニュソス祭の狂乱にわれを忘れたトラキア人の女たちに八つ裂きにされたと言われている。

ヘロドトスの言葉を額面どおりに受けとっては、やはり大きく道に迷いかねない。プルタルコスからヴォルテールに至るまで、多くの著述家がそう指摘しており、いまもって論議は尽きない。ただ、トラキアに関するかぎり、ヘロドトスはたしかな事実を記していたようだ。そして都市国家と、神々の序列と、政治体制を持つギリシア人、わけても、秩序を厳しく重んじ女性を家庭に縛りつけておくアテナイ市民にとって、オルフェウスの物語は願ってもない神話だったにちがいない。何しろ、目をそらせぬほど暴力的で、戒律を犯しがちな女性と、恐ろしげなあの世の謎がこれでもかと登場するのだ。トラキアはアテナイ市民をぞっとさせると同時に魅了していた。またトラキアは、彼らの唯一にして最大の奴隷の供給源だった。

墓の天井のフレスコ画以外で、私たちがトラキア人の外見を知る手立ては、彼らの姿を作品にとどめたギリシア美術にある。多くのギリシアの壺の周囲に、トラキアの女たちが（オルフェウスを追いまわしていないとき)、陰気にだらだらと歩くさまが描かれている。髪は短く刈られ、手足にはタトゥーが刻まれている。タトゥーか焼き印のある脱走奴隷を罰するギリシア人にとっては、それが奴隷を見分けるたしかなしるしになったが、当のトラキア人にとっては、皮肉にも、そうしたバラ飾りや点線、渦巻きや図案化された動物(枝角のある雄ジカが特に好まれた)の図柄は高貴な生まれのしるしなのだった。[12] トラキアの男たちは、倒れるか、踏み堪えるかしている戦士として描かれる。先の尖った顎ひげをたくわえ、幾何学模様のベルトで飾ったマントと、ヘロドトスの記述によるとキツネの毛皮でできた帽子を身に着けている。キツネ皮の帽子の色と、頭髪の色とは、どう見ても混同される可能性がある――15世紀アナトリアのクズルバシュの戦士と、彼らのかぶった深紅の頭巾にも、それと似た混同が生じたように。このトラキアの戦士について言えば、古代世界において、狡猾で信用ならないとされるキツネの行動と、部族を問わず赤毛の蛮族に特有のものとされる性質とのあいだにできたつながりをも示していそうだ。現に3世紀に書かれた「人相学」(アリストテレス名義の自然学短篇のひとつ)によって、私たちはこう信じこまされる――〝赤みを帯びた体毛の持ち主は性格が悪い。キツネを見よ〟(もちろんいまでも、1967年にジミ・ヘンドリックスが「フォクシー・レディ」で歌ったような赤毛の女性を表すのに使われる。千数百年の歴史を越えて、赤毛にまつわる連想が長持ちした一例だ)。しかし、はっきり赤毛として描かれたトラキア人もいる。『イリアス』(ホメロス/松平千秋訳/岩波書店/1992年)に登場するトロイア人の味方、トラキアのレソス王がそうだ。レソス王は遅れてトロイアに到着し(自国で厄介なスキタイ人とひと悶着あったせいだ)、戦場に足を踏み入れもしないうちに、自身のテントでディオメデスとオデュッセウスに討たれた。２人はレソスの名馬をも奪った。レソス王の死を描いた黒絵式の壺はいま、ロサンゼルスのＪ・ポール・ゲティ美術館にある（図５）。それほど高尚でない品で言えば、ロンドンの大英博物館所蔵の、逃亡奴隷のテラコッタの小像がある（図６）。これは紀元前３５０〜３２５年ごろ、つまりアレクサンドロヴァの墓と同じ世紀に、アテナイで作られたと考えられている。高さは５インチもなく（13センチメートルほど）、太った小男が祭壇に腰かけている。背をまるめ、左手で左の膝をつかみ、耳がよく聞こえないか、（哀れっぽく口をあけている様子からすると）たったいま頭を殴られたかのように右手を耳もとに当て、這いのぼった祭壇の上で、ここは聖域だと訴えながら己の運命をめそめそ嘆いているふうだ。

　こうした小さなテラコッタの彫像は、北アフリカから南ロシアに及ぶ、古代世界の至るところで取引されていた。それらは安価で、作りが雑で、なくても困らない、古代ギリシアの翁《おきな》形ビールジョッキ（当世なら、首振り人形か）のようなものだった。レソス王の死のような悲劇の絵柄は、もっと立派な陶器――たとえば、それを見て愛でる人たちのために作られる、黒絵式の壺など――のためにとっておかれた。この逃亡奴隷のような彫像は喜劇を題材とし、一般大衆の目を引くように作られた。それらはまさしく〝三ばか大将（１９３０〜40年代の米国で人気を博したコメディ・トリオ）〟ばりに、ギリシア喜劇のどたばた感を反映している。もし舞台に立っていたなら、この逃亡奴隷は、ミニスカート丈のチュニックの下の股間に赤い革袋の男根をぶらさげているだろう（男性自身を切除されていることが、この小像をよりいっそう痛ましく見せる）。顔に着けた仮面の奇怪な表情が、原始的で制御できないたぐいの感情を観客に伝えるだろう。そしてその髪、というより仮面にくっついたかつら（テラコッタの像となってなお、顔料の痕跡が残っている）の色は、赤だったはずだ。

ギリシア人は一覧表を好んだ。細分された秩序ある世界を好んだ。2世紀に、ギリシアの学者で弁論家のユリウス・ポルクスが、世界最初の辞典のひとつ『オノマスティコン』を編纂した――アルファベット順ではなく、ただ事物を列挙した辞典だ。そのなかに、彼はギリシア劇中のタイプのちがう7人の奴隷を記載している。7人のうち4人が赤毛だ。舞台での、それぞれのキャラクター名は同じメッセージを繰り返す――メナンドロスの喜劇『デュスコロス』（〝不平屋〟）に登場する奴隷ピュリアス、その名は〝激しやすい〟の意味だ。アリストファネスの作品でも、5人もの奴隷のキャラクターが5つの別々の喜劇に登場するが、その全員が同じ名前――〝金色の〟か〝赤色の〟を意味する、クサンシアス――である。

控えめに言っても、すべてのギリシア家庭のすべての奴隷が赤毛のトラキア人だったとは考えにくい。赤毛は潜性遺伝の結果なのだから、古代世界においても今日と同じ程度には珍しかったはずだ。しかし赤毛が珍しかろうとありふれていようと、歴史を通して繰り返される現象にちがいが出ないのは明らかだ。こと〝異分子〟に関しては、私たちはほかのあらゆる細部をそっちのけにして、その典型に焦点を合わせる。ある一点がすべてを象徴するものとして際立ってくると、赤毛というこの特徴的な一点は、ひとつの民族全体とは言わないまでも、ひとつの階級全体を象徴するようになった。つながりは人が作り出したのだ――ある無意識の社会レベルでそれは受け入れられ、そして根づいた。古代世界では〝野蛮人〟に等しかった赤毛は、やがてギリシアの舞台劇や逃亡奴隷の小像などを通して、〝道化〟に等しくなった。ギリシア劇の原始的な奴隷のキャラクターから、サーカスの大テントにいる白塗りの顔をした赤毛のピエロ、世界じゅうで子供たちをどきどきさせるドナルド・マクドナルド（もともとはリングリング兄弟のサーカス団にいた赤毛のかつらのピエロ、バトンズに人間の姿をさせたものだ）、もっと親しみやすいところでは、赤毛のおさげ髪を胸に垂らした怪力男オベリックス（フランスの漫画シリーズ『アステリックス』の主人公の相棒）まで、その発展の流れをたどることができる。手に負えない無作法者と漫画の道化役という、赤毛の2つの典型が目の前に次々現れるのを見ているようだ。いや、〝ようだ〟とすら言えない。実際そのとおりなのだ。

自由の身に生まれた人はみな、歴史家のサンドラ・ジョシェルの言うように、社会性も人間性も損なわれていない存在として定義される。ゆえに彼らの外見を侮辱することは、その社会的立場と人間的個性の両方を侮辱することになる。しかし奴隷には人としての個性などない。奴隷は、道具箱に詰めこまれたサイズちがいの道具類のように、適していそうな仕事によってのみ識別された。この人は歌い手に向いている。この人はいい農夫になりそうだ。この人は乳母になれる。この人はブドウ栽培ができそうだ。彼らには民族意識もなかったから、赤毛はもはやトラキア人のしるしにはならなかった。代わりに、力を奪われた隷属者のしるしになった。よい奴隷とは、これを受け入れ、自身の個性を埋もれさせてしまう者だった。〝悪い〟奴隷、また舞台の上でだれよりも笑いをとった奴隷は、人としての個性を失わずにいようとした者であり、常に悪者であった。

身体的特徴から性格を推察する、人相学というえせ科学も、ギリシア人を大いに惹きつけた。またひとつ、世のなかの人間を見分ける方法が出てきたというわけだ。キツネについての見解のほかにも、「人相学」（いまではアリストテレス本人の著作ではないと見られているのがいかにもふさわしい）は、燃えるような赤毛（アガン・ピュロイ）の持ち主を不正直者（パヌルギ）であるとし、真っ白な肌（アガン・リュコイ）を臆病者のしるしだとしている（赤毛の男は意気地なしという、3つ目のステレオタイプはここで生まれていたのだろうか?）。それにしても、ギリシア世界での赤毛の扱われ方はさんざんだった――アリストファネスは喜劇『雲』（前423年）のなかで、〝卑金属の連中――よそ者と赤毛――〟が世のなかを仕切っている現状を俳優たちにぼやかせた。また、『蛙』（前405年）のクサンシアスのような、最高に共感を呼ぶ奴隷のキャラクターを生み出した。でなければ、ギリシア喜劇のなかの奴隷は文句ばかり言い、自己憐憫にまみれ、性欲過剰で（ギリシア世界ではマスターベーションが奴隷とよそ者の悪癖とされた）、粗野で、うすのろで、滑稽で、怠惰で、不誠実で、短気だった。そして、少なくとも舞台の上では、彼らは赤毛だった。

ローマ人と赤毛との遭遇は、劇場《テアトロン》のなかではなく、剣を交える場で起こりがちだった。何度も述べているとおり、赤毛は少数派である（これはひとえに、もとより〝異分子〟として存在しているためだ）。地理的にも遺伝子的にもはずれのほうにいて、遺伝子プールが攪乱されなければ、潜性遺伝子として、出現する好機を与えられる。ブラックジャックのようなものだ――同じトランプひと組で何度も何度もプレーしていれば、遅かれ早かれ、おのずと21が出る。トラキアでは赤毛の人の数が異常に多かったというのが事実だとしたら、それは、彼らが部族間で和合できず、部族間結婚もしなかったせいかもしれない。赤毛はヨーロッパ全域で見られるが、概則に照らせば、北へ行くほど数が多くなる。ローマ人と出会った部族の文明のうち、ずば抜けて長続きしているのは、ケルト族の文明である。彼らの領土は（ケルト語圏の境界をどこに置くか、そもそもケルト族の何を基準に境界を置くかにもよるが）、最大でアイルランドからポーランドまで、北はヘブリディーズ諸島、南はのちにジェノヴァとなる地域に及んでいたと言っていいだろう。ローマの軍団《レギオン》は進撃と征服を繰り返し、ケルト族の中核地域ゲルマニアとガリアにまで帝国の国境を押し広げ、赤毛の奴隷たちも含む先住の民をどんどん服従させていった。紀元前58～51年のカエサルのガリア遠征の時期だけで、ローマ帝国に奴隷が１００万人増えたと推定されている。さらに、金髪か赤毛のケルト人奴隷は珍重されたという説もあり、たしかに目新しくはあったかもしれないが、個々の奴隷が特に価値ある存在と見られていた証拠はほとんどない。いや、むしろその逆だ。哲学者キケロ（前１０６～43年）はブリトン人奴隷のことをこう書いている――〝あの者たちが文学や音楽を学び覚えるなどとはゆめゆめ期待するな〟。軽蔑で鼻を鳴らす音まで聞こえてきそうではないか。

とはいえ、こうした北方部族との接触からは、容姿のよく似た者どうしはなんらかのつながりを持っているはずだとの認識がたしかに生まれた。ブリタニアの部族に関しては、歴史家タキトゥス（55～１２０年）の出番だ。彼の文章は長々と引くに値する――ここへ来てようやく、歴史家が歴史に追いついたからだ。タキトゥスは自身が記憶にとどめた出来事を回想している。紀元前55年にユリウス・カエサルがはじめたブリタニア侵攻は、紀元後43年のクラウディウス帝のもとでの征服、それから十数年以上にわたる断続的な軍事行動へとつながった。ローマ世界の北端の境界を示す「ハドリアヌスの長城」が築かれはじめたのは、実に、紀元後１２２年になってからのことだ。ブリタニアの総督だったアグリコラを岳父に持つタキトゥスは、こうしたためている――

ブリタニアにはもともとどんな人々が住んでいたのか、土着民だったのかよそ者だったのかは、例によって蛮族のことゆえ、あまり知られていない。身体的特徴がそれぞれ異なるので、結論から導き出すことにしよう。カレドニア（古代ローマ時代のスコットランドの名称）住民の赤毛と大きな手足は、明らかにゲルマン民族に由来している。……ガリア近辺の住民もまた、もとの血筋の消えない影響があるのか、互いが出会わぬうちに血筋が途絶えた国々では気候が似た体質を作り出したのか、ゲルマン民族に近い。しかし概観として、ガリア人はすぐ近くのブリテン島にルーツを持っていると私は考えたい。彼らの信仰の起源は、ブリトン人に強く根づいた迷信に遡ることができる。言語のちがいはわずかで、いずれの民族も大きな危険に際しては同じ大胆さを見せ、危険が迫ってくれば同じ臆病さで身を縮める。とはいえ、長きにわたる平和をまだ奪われていないブリトン人は、もっと気概に満ちている。ガリア人とて以前は武勇の誉れ高かったが、いつの間にか、気楽さに続く怠惰が忍び寄り、自由とともに勇気も失ってしまったのを我々は知っている。これと同じことが長く支配されたブリタニアの部族にも起こった。それ以外の者たちはまだかつてのガリア人の気概を持っている。

ブリタニアは、ローマが想定したほど長くは支配されなかった。

イングランド東部のサフォーク、ノーフォーク、エセックスの3州は、タキトゥスの言う〝降りやまない雨と消えない雲でぼやけた空〟の下に存在している。いまでも田園の脇には、ローマ人よりも歴史の古い青銅器時代や鉄器時代の墳丘墓が点在し、教会はおおかたが中世に建ったものので、町は小さく、村はちっぽけだ。そこの風景は人々を小さく見せる。古さを感じさせる。空は果てしなく連なり、あらゆるものを卑小に見せる。この地方の小学生ならだれでも知っているとおり、ここは古代ローマ時代、ケルト系のイケニ族と彼らの女首長ブーディカの国だった。そうした子供たち（私もそのひとりだった）にとって、車輪に恐ろしげな鎌を備え、いまにも敵を切り刻もうとするブーディカの2輪戦車は、隣の畑でうなりをあげているトラクターと変わらぬ本物の実在感を持っている。

まずは服従させ、それから植民地化して統合するというのがローマの方策で、ことに国の南部や東部にいた先住のブリトン人は、征服と国状の変化を受け入れ、ローマの皇帝を認め、ローマ人の貸付金で富み栄え裕福になった。ブーディカの夫、プラスタグスもそういう者のひとりだった。一方、征服されてまもない地域には当然、これもタキトゥスの言葉だが、一触即発の空気があった。カムロドゥヌム（現在のエセックス州コルチェスター）の植民地には、先住者の土地と家屋を没収したことでとりわけ憎まれている、ローマの退役軍人たちが暮らしていた。先住の人々に対しては、ローマ人の奴隷たちでさえ大きな顔をして無礼を働くことがあった。やがてプラスタグスが死ぬと、貸付金の支払いが求められ、彼の土地は家族から奪われ、妻は鞭で打たれ、娘たちは強姦されたため、紀元後60年にはイケニ族が反乱を起こした。そしてここで、ブーディカが登場する。今度はタキトゥスではなく、もっと後期の歴史家、カッシウス・ディオの言葉を引こう。彼はブーディカをこう描写している――〝並みの女性とはかけ離れた知性をそなえ……かなり上背のある、威圧的な風貌で、まなざしは険しく、声は荒々しかった。豊かな赤毛を腰まで垂らし、大ぶりの金の首飾りを着け、色とりどりのチュニックの上に厚手のマントを羽織り、ブローチで留めていた〟

ここでもまた、証拠を検めなくてはならない。カッシウス・ディオの生没年は紀元後155～235年であるから、彼の記述がタキトゥスのそれより同時代性に欠けるのはたしかで、それが細部に表れている。両者の得た情報で一致しているのは、イケニ族と近隣のトリノウァンテス族が手を組み、ブーディカを主導者としてカムロドゥヌムを襲ったのち、ロンディニウム（現在のロンドン）の新しい交易所を、次いでヴェルラミウム（現在のセント・オルバンズ）をすっかり破壊したという点だ。反乱が鎮圧されるまでに8万のローマ市民が命を落としたと考えられており、実のところ、カッシウス・ディオもタキトゥスも、ローマはブリテン島をまるごと失っていた可能性が高いと述べている。

カッシウス・ディオは、クセノファネスと同じくギリシア語で執筆しており、ブーディカの描写にある〝赤色〟は〝黄褐色〟か〝赤褐色〟とも訳される。また、ブリトン人が鎌を装備した戦車を用いたという確証もない。しかし、1902年にロンドンのウェストミンスター橋とヴィクトリア・エンバンクメントの角に設置された彫刻を見ると、ヴィクトリア朝時代に誉れ高くよみがえったブーディカが凛々しい顔つきで戦車の上に立ち、その車輪のハブからは1ヤードはある刃が突き出ている。そして、マーヴェル・コミックのキャラクター〝レッドソニア〟ばりの赤毛は、負けん気が強く、凶暴で、えてして肉感的な女の野蛮人のイメージに不可欠だった。これもまた、ブーディカの髪に赤ほど似つかわしい色はほかにないからだ。赤い髪は彼女の場合、その降伏しない決意と、愛国者の勇気（ヴィクトリア朝時代の人々に彼女が大人気だった理由のひとつだ）と、ローマ人に取りこまれぬ意志を伝えている。赤毛はケルト族を象徴し、ガリア人を象徴し、トラキア人を象徴した。その区別なく、3つ全部を象徴することもあった。

ローマのカピトリーニ美術館に、現在は《死にゆくガラテヤ人》として知られる彫像があるが、1623年にローマで発掘されてから数世紀のあいだ、それは《死にゆく剣闘士》または《死にゆくガリア人》として知られていた。紀元前241～197年にトルコのペルガモン王であったアッタロス1世の命により青銅で鋳造されたと言われる、失われたヘレニズム時代の彫像をもとに、ローマ時代に大理石で複製されたものだ（時を経た変形の例がここにも）。盾の上に倒れかけている、裸の戦士の彫刻で、本人の剣と、ベルトと、戦いのラッパがかたわらに落ちている。ケルト族のものとおぼしきよじれたトルク（古代ガリア人・ブリトン人が用いた金属の鎖の首飾り）を着け、ギリシアの歴史家シケリアのディオドロスが紀元前60年～30年ごろに記した描写そのままに、短めの髪を石灰塗料でつんつん立てたかと思わせるパンク・スタイルにしている。[13] 戦士はうなだれ、片腕で上体を支えている。この男の右胸の下には、血の流れている刀傷があり、迫りくる死を意識しつつもまだ屈せずにいる、その決定的瞬間を彫刻家は見事にとらえている。この彫刻を見て心動かされたバイロン卿は、物語詩『チャイルド・ハロルドの巡礼』（東中稜代訳／修学社／１９９４年）にこの一篇を収めた。

僕の目の前に剣闘士がくずおれている。
片手で身を支え、男らしい眉は
死を受け入れつつも、苦痛を抑えこんでいる……

……その目は、遠くにある心とともにいた。
男は失った人生でも褒美でもなく、
ドナウ川の畔《ほとり》の粗末な小屋を思っていた。
蛮族のわが子らが遊びまわる小屋を、
子らのダキア人の母親がいる小屋を。
男は、子らの父親は、ローマ人の休日のために殺された。
こうした思いが、男の血とともにあふれた。
男は息絶えるのか、復讐もせぬままに？
立ちあがれ！　ゴート人よ、怒りを奮い起こせ！

しかし、この死にゆく戦士は剣闘士でも、ゴート人でも、ガリア人でもない。彼はトラキア人で、私たちは出発点に戻ったのである。
アッタロス1世がもとのブロンズ像を作らせたのは、匪賊《ひぞく》トラキア人を打ち負かした祝いのためだったと考えられている。トラキア人はアナトリア高地のガラテヤに住み着き、シリア王国のような遠方からも貢ぎ物を納めさせるほどの脅威となっていた。リウィウス（前59年〜後17年）――この章で最後に登場するローマの年代記編者――はこのように書いている。

あやつらの高い背丈、長い赤毛、大きな盾、やたら長い剣。さらには、出陣の歌、踊り、ときの声、祖先に倣って盾を振り、ぶつけ合う恐ろしい音――そのすべてが、敵を怯えさせ、怖気立たせるためのものだ。

実のところこれは、〝ガリア人〟に攻撃を仕掛ける自身の軍隊への訓辞として、アッタロス1世にリウィウスが言わせた台詞である。紀元前1世紀にリウィウスがこう記すころには、敵がガリア人か、ケルト人か、トラキア人かは問題ではなくなっていた。髪が赤いか、蛮族か――それがすべてだったのだ。
2014年にコルチェスターの中心地で、工事作業員が幾層も重なった過去を貫き、ローマ時代のカムロドゥヌムが焼け落ちた場所をいまも示す、厚さ2フィートある黒焦げの瓦礫の層まで掘り進んだところで、大量の金の装身具が出土した――あるローマ人女性の所有していた貴重品で、ブーディカの戦士たちが町を襲った際、家の床下に隠されたものだ(14)。装身具が隠されていた部屋の床には食べ物の残りが散乱し、家屋を焼きつくした炎の熱で炭化していた。それらに混じって、人骨のかけらもあった――顎骨と脛骨がひとかけらずつ。ブーディカのカムロドゥヌム襲撃の実態は、こうした出来事の常で、断固とした不屈の勇気とも、バイロンが見てとった、抑圧者の支配に屈しまいとする生来の気高さとも、滑稽なほど食いちがっている。ブーディカの軍隊は今日繰り返されるものに劣らぬ蛮行に及び、捕虜にしたローマ人女性たちにはことさら残虐な罰を与えた――町の外の鎮守の森まで引きずっていき、女性が同じ女性に抱けるとはとうてい思えない怨念をこめて手足を切断し（ローマ人女性の乳房は削ぎ落とされ、口に縫いつけられたとも言われている）、そのあとで殺すのだ。ローマ時代にカムロドゥヌムのその家に住んでいた女性の末路は知りようがないけれど、おそらく自分が装身具を隠した相手から、その罪に見合わぬ惨い仕打ちを受けたことだろう。そして生きてそれを取りにくることはなかった。

第3章　女性の場合はちがう

こうして人は互いを評価し、浅はかに、不用意に、侮辱し合う
――さしたる理由も、思いやりもなしに。
『紅はこべ』（バロネス・オルツィ／1905年）

『古代ブリトン族の物語　*The Story of the British Race*』（1899年）を著した19世紀の人類学者ジョン・マンローは、ヴァイキング（デーン人）とサクソン族では異なっていたとされる髪の色を重視している。〝デーン人はその赤い髪と激しやすさで見分けられ、より鈍重なアングロサクソン人は、薄茶色か亜麻色の髪と青い目をしている〟とマンローは記した。19世紀に赤毛が頻繁に出現していた（そしてハンプシャーでは、まちがいなく私の祖母の時代になっても途絶える気配がなかった）謎には、先祖返りにより種族の記憶が受け継がれたと考えれば説明がつくものの、それまで何世紀にもわたってヨーロッパ北部の部族のあいだで異種族婚が続いていたことからすると、平均的なサクソン人と平均的なデーン人の見た目が大きく異なっていたとは考えにくい。ヴァ

イキングは、彼らが恐怖に陥れた人々と同じくらいの割合で、亜麻色か、より多くは赤色の髪をしていた（ヘイガー・ザ・ホリブル〔米連載漫画の主人公のヴァイキング〕と彼のゴワゴワの赤ひげはこの際忘れてほしい）。ヴァイキングがあれほど恐れられたのは、その海の覇者たちの襲撃がまったくの不意を衝いていたせいだ。

ヴァイキングが初めて西欧のキリスト教社会を急襲したのは、紀元前７９３年の夏のことで、上陸先はイングランドの北部沖にあるリンディスファーン島の修道院共同体だった。それから少なくとも３００年のあいだに、ヴァイキングはさまざまな形で次々と襲来し、ヨーロッパじゅうの沿岸や河川域の共同体を恐怖に陥れるか、植民地化するか（あるいはその両方を）した。ヴァイキングがアイスランドに入植したことは、〈ヨーロッパの赤毛地図〉を見ればわかる。グリーンランドには、赤毛のエイリークの愛称で呼ばれた男が、最初の共同体ハージョルフスネスを建設した。このようなヴァイキング入植地がゆっくりと終焉に向かっていった顚末は、体内に蓄えたビタミンＤが絶えず使い果たされるような孤立した共同体に何が起こるかという、興味深くも恐ろしい実例を示している（第６章で詳しく記す）。

11世紀までにヴァイキングは、赤毛のエイリークの息子、レイフ・エリクソンが率いる探険の途上で、ニューファンドランド島に到達し、その地より先へ行けば自分たちのロングシップは深海に転覆すると考えた。彼らがコンスタンティノープルに使者を送っていたのはたしかで、ヴァイキングの商人らがバグダッドにたどり着いていた考古学的証拠もある（彼らは現地にすでにいた赤毛の人に、自分たちの赤毛の遺伝子を付加しただろうか？）。ネヴァダのパイユート族には、その昔、ラブロック洞窟のあたりで赤毛の敵と遭遇したとの驚くべき言い伝えがあり、これが、やや短絡的ではあるが、ヴァイキングは遠く北アメリカ大陸にも侵入していたという仮定につながった。スウェーデンのヴァイキングは、ヴォルガ川流域を襲撃し、交易の道を開いた。その過程で、多くのスキタイ人の生き残りや新興のウドムルト人と出会ったにちがいなく、私たちの知る〝ロシア〟という国名は、ヴァイキングを指す〝ルーシ〟すなわち〝船を漕ぐ人たち〟がスラヴ語化した言葉に由来するとの説もある。ノルウェーのヴァイキングは、アイルランドの沿岸地域やスコットランド西部の人々を捕虜にし、彼らのケルト系の遺伝子を取りこんで、まちがいなくその地でも子孫を残したと思われる。ヴァイキングは1014年になってようやく、アイルランドのクロンタープの戦いで、偉大なブライアン・ボルに打ち負かされた。しかし、赤毛の人を嫌い、信用しない理由としてヴァイキングから受け継がれた種族の記憶がどうこうと言い出すのは、今日でもしつこく盛んに口にされる偏見の数々とは別次元の暴論だ。まさにジョン・マンローの時代の人々はそれに似た暴論に、中世ヨーロッパの人々はそれ以上に根深く悪意のある暴論に毒されていたのだが。

侵略者の面が強調されがちだが、少なくともイングランドでは、デンマークから襲来したヴァイキング——デーン人——が先住の人々と和解し、ヨークからほぼロンドンあたりまでの北東部一帯（国土の3分の1）に、自分たちの王国を創立した。880年ごろにウェセックスのアルフレッド大王との和約で境界を定められ、デーン人の法・慣習が保たれた国（デーンロー）だ。彼らは独自の言語と地名と文化を育むとともに、おそらくブリタニアの北部全域に赤毛の人をいくらか増やした（砂色の髪と青い目を持つ私の祖父は北西部のランカシャー生まれで、クーギルという名だった）。その地域でウィリアム征服王は、１０６６年にイングランドを征服してから何年ものあいだ激しい抵抗に遭い、冷酷に鎮圧することになる。そして承知のとおり、10世紀にノルマンディ地方を植民地化する。ウィリアム自身の五世の祖はロロ、またはフロールフ（８４６年ごろ～９３１年ごろ）という名で、どの情報源を信じるかによるが、デンマーク人かノルウェー人だ。

《バイユーのタペストリー》は、ウィリアムがヘイスティングズの戦いでイングランド人に勝利を収めるまでを絵物語にした刺繍で、彼の髪の色を記録した同時代の証拠となりそうに思えるが、髪が砂色だったり茶色だったりする何人かの人物がウィリアム（WILLEM）やウィリアム公（WILLEM DUCE）と示されていて、まるで当てにならない。だがウィリアムの3男、イングランド王位継承者で、幸いにも短命だったウィリアム・ルーファス（赤顔王）の呼び名は、その赤い髪か、気の荒さに付随するものと長く信じられてきた赤ら顔に由来しているようだ[1]。赤毛と信用ならない気質とのあいだに古代世界で作られたつながりは、明らかにまだ健在だった。とりわけ、日に焼けて赤くなった肌や、生まれの卑しさ――奴隷でないならきっと農奴だと知れるような下品さ――が、赤毛と組み合わさった場合には。歴史家のルース・メリンコフは、9世紀のアインハルトの著作『カール大帝伝　*Life of Charlemagne*』から一例を引いている。教会で脱帽しようとしない無作法な農民にまつわる教訓話だ。とうとう帽子を無理やり脱がされ農民の頭が晒されたとき、司祭は説教壇から声高にこう責め立てた。〝なんということか、諸々の民よ、この無作法者は赤毛であるぞ〟。同様のつながりを、やがて詩人チョーサーが登場人物の特徴づけに活用する。『完訳　カンタベリー物語』（桝井迪夫訳／岩波書店／1995年）の、酔っ払いで駄弁を弄する粉屋のロビンは、〝雌ブタかキツネ〟みたいに赤い鋤形の顎ひげの持ち主で、鼻の疣《いぼ》から雌ブタの耳の毛みたいに赤い剛毛が生えている。メリンコフいわく、スカンジナビアにおいてさえ、輝くような金髪のオーディンは貴族の神で、槌を振る赤毛のソーは労働者の神だった。赤毛の者が王国を支配することはできても、その髪色をネタにけなされることは避けられなかっただろう。

1091年までにイスラム教徒からシチリア島を奪いとったルッジェーロ1世は、しかし、イタリアで戦った多数のノルマン人の傭兵のひとりで、彼の子孫が次の世紀のあいだシチリア島を支配することになった（そんなわけで私は、青い目と赤い髪と素敵なそばかすを持つシチリア人の兄弟姉妹と、ケンブリッジの語学学校で出会った）。ルッジェーロ1世の曾孫、フリードリヒ2世（イタリア名フェデリーコ2世）は、イタリアとドイツ全域、さらにはエルサレムにまで支配を拡大した。フリードリヒは6つの言語を話し、2回の十字軍遠征に乗り出し、神聖ローマ帝国皇帝に選ばれたが、その地位にあるあいだ、歴代の教皇とたびたび衝突したため、4たびも破門され、一度は反キリストとして糾弾された。彼は動物園と、敵対者らの言では、ハレムを保有していた。科学に関しては経験主義者で、晩餐の客人たちを基本的には生きたまま解剖することで人間の消化過程を調べた。宗教に関しては懐疑的で、同時代人には世界の驚異――ストゥポル・ムンディ（こちらのほうがいっそう印象的な響きだ）――と呼ばれた。ここで、シリアの年代記編者スィブト・イブン・アル・ジャウズィによるフリードリヒの描写を紹介しよう。〝皇帝は全身が赤毛で覆われ、禿頭で、近視だった。もし奴隷であれば、市場で200ディルハムにもならなかっただろう〟。たとえ事実だったにせよ、ちょっと辛辣ではないか。フリードリヒはアラビア語を話し、当時のヨーロッパの統治者には珍しく、興味と敬意を持って中東のイスラム教徒の国々に近づいた。さらに、シチリア島のユダヤ人共同体を擁護した。

ローマ帝国の一部として、地中海周辺にはユダヤ人の共同体が存在していた。フランスとドイツに最初のユダヤ人共同体ができたのも、このくらい古い時代に遡るだろう——いや、もっと前だった可能性もある。スペインに移住したユダヤ人がフェニキア人と交易していた傍証があるが、これは紀元前753年にテベレ川の砂利だらけの浅瀬にローマ人のちっぽけな入植地ができる何世紀も前だったと思われる。紀元後7世紀までに、ユダヤ人の定住地は遠く中国にまで広がっていた。おそらくシルクロードをたどった旅人や商人が住み着いたのだ。8世紀には、ハザール族の王国がほぼ1世紀のあいだ、カスピ海から黒海にかけてのユダヤ人の地盤の主となり、ロシアや、コンスタンティノープルや、中東からの商人が集う一大中心地となった。初めて文書に記されたイングランドのユダヤ人共同体は、1070年にウィリアム征服王とともにやってきただの、ウィリアムの監視のもとルーアンから連れてこられただのと真顔でうそぶく流れ者ばかりの集団だった。ウィリアムには新たに征服すべき王国があり、資金を投じるべき城、すなわち要塞の大がかりな建築計画があった。ドゥームズデイ・ブック(ウィリアム征服王が作成させたイングランドの検地帳)を考えついたほどの人物なら、どんなものにも値をつけてみせただろうが、ウィリアムの頭にあったのは、地税の徴収、そしてサクソン人流の物々交換ではなく、硬貨を仲立ちとする経済制度だった。こうしてヨーロッパ初の財務官――ウィリアム１世に協力を求められたユダヤ人たち――が登場し、変化の始動にはずみをつけた。

１０７９年には別の一団、フランスのノルマンディ地方のユダヤ人５人（勇敢な者たちでもあったにちがいない）が、アイリッシュ海を渡り、マンスター王トゥールロホ・ウア・ブライアンのもとへ派遣された通商団として、当時は既知の世界の最西端であった土地に足を踏み入れた――ともかく、『イニスファレン年代記 *Annals of Inisfallen*』にはそう書いてある。トゥールロホはこのときすでに70歳で、それまでの30年は敵と戦い、追放し、殺すことに明け暮れ、１０７９年にはアイルランドの全土の半分を実質的に支配していた。ユダヤ人の訪問者たちはその〝大男〟が何者かを当然知っていたが、トゥールロホのほうは相手を少々怪しんでいたようだ。通商団は贈り物を携えてきたが、くだんの年代記には、そのユダヤ人たちが〝また海の向こうに送り返された〟としか書かれていない。とはいえ、その訪問を受けて、このブライアン・ボルの孫も悪い気はしなかったのではなかろうか。この老いたケルト族の長《おさ》は、きっと赤毛だったと想像できるし、迎えられた訪問者たちも同じ赤毛と赤ひげの持ち主だったかもしれない。赤毛のユダヤ人はほんとうにいたのだろうか？　それは過去形と現在形の両方で肯定できる。

赤毛というのは、何度も言うが、人口の変動という激しい潮流のないところでしっかりと生き残る。そうした状況は族内婚をする共同体でも見られる――つまり、ユダヤ人の集団が何世紀も繰り返してきた、特定の民族集団内での結婚だ。ユダヤ人にはとにかく赤毛が多く、そうした共同体が次々と西ヨーロッパへ移動したのは、文化の面で大きな不幸だった。すでにヨーロッパ文化において、よくても性格の悪さ、悪ければ野蛮さと結びついていた特徴を持ちこむことになったからだ。すでに標準からはずれていると認められ、すでに目につきやすく、とやかく言われがちな――要は、すでに〝人種によって区別された〟とも言い換えられる――特徴を。今日の赤毛に対する差別についてのエレノア・アンダーソンの論文にある、現代心理学を踏まえた記述からは、中世ヨーロッパのユダヤ人の姿をありありと想像することができる。〝日常的な社交の場でたやすく受け入れられてきたであろう人が、悪目立ちする特徴のせいで初対面の相手に避けられる状況に陥った場合、その人のほかの特徴が私たちより優れていると言ったところで慰めにはならない[2]〟。

今日の共同体に生きる私たちは、特徴的なちがいを理由に人を類型化したり引け目を感じさせたりすることは、そのように考える人たちにも、その考えの犠牲になる人たちにも同等に害があると知っている。だれもが常にそれを理解しているとはかぎらないけれど、みな知ってはいるし、少なくとも先進国では、私たちの祖先を血まみれの暴徒に落ちぶれさせたような生き方や通念の大半が、もはや通用しない。しかし中世のヨーロッパでは、ユダヤ人はキリストを殺した者たちであり、キリストの子供たちをさらった者たちであった。彼らは高利貸しや質屋や、国の財務官として知られていた(それゆえに敵意を向けられることもままあった)。そして彼らのなかには赤毛もいた。ヨーロッパ美術においては、ユダをユダヤ人ととらえた作品が際立って多く、ことにドイツでは、赤毛として描かれてもいる。赤毛の人のそばかすさえ省かれなかった。中世のドイツでは、〝ユーダスドレック〟という言葉がそばかすを意味した。[3] 学者のポール・フランクリン・ボームが１９２２年の論文で述べたように、〝この伝承が、赤毛の人間は不誠実で危険だという古くからの通念――イスカリオテのユダよりずっと古い――を、中世初期のある時点で、あの大反逆者にただ当てはめたものであることはほぼ疑いの余地がない〟のである。[4]

　特定の記章を着けて身分を示すようユダヤ人に強いた最初の勅令など、読んで気の滅入る事実はいくらもある――彼らをユダヤ人地区《ゲットー》に追いやった最初の勅令や、最初の迫害、虐殺、追放の事実だ。ユダヤ人の共同体は１１８２年にフランスから追い出され、１１９８年に呼びもどされた（王家の財源が底を突きかけていた）。１３０６年にふたたび追い出され、ユダヤ人の資産はまさに財源確保の目的で没収された。イングランドには１２９０年以降、ユダヤ人の共同体は存在しなかった。１４９２年、スペインのフェルナンド2世とイサベル1世の統治下にあったシチリア島では、フリードリヒ2世の計らいでそれまでは十字軍の猛攻から守られてきたユダヤ人共同体が、島から完全に追放された。その年、赤毛のジェノヴァ人航海者、クリストファー・コロンブスが、フェルナンドとイサベルが出資した探険旅行でレイフ・エリクソンに続いて大西洋を渡り、世界はまたしても変わった。その君主2人は、カトリック以外のどんな宗教も根絶されることになる新たな王国を支配し、また、その絶対的命令により、悪名高きスペイン異端審問をはじめた。

　スペインとその新世界の領土における異端審問でどういう人がどれだけ犠牲になったかについ

て、歴史家たちはあれこれ議論を戦わせてきたが、なんにせよ、被疑者たちを何より苦しめたのは、異端者の摘発に〝異分子〟のしるしを利用した恐怖の告発制度だった。審理は非公開だったが、処罰は公開され、火あぶりの極刑に処するほどに執念深いものだった。異端審問はカトリック以外の信仰者のみを取り締まっていたわけではなく、同性愛者や禁書を所持する者、妖術使いと噂される者も追及した。19世紀にはフリーメーソン会員と〝疑われる〟者まで捕まえだし、ほかに追跡対象が残っていないかのような様相を呈しはじめる。そもそも、国が資産を没収できるよう、裕福な者たちを選んで罰していたという疑惑もあった。異端審問の手順は、こうした制度が常にそうであるように、呆れるほど理不尽なものだった。ただ、赤毛がユダヤ人のしるしであったなら（それはある意味で、プロテスタントのしるし、もしくは単にスペイン人でないしるしにも等しかったろう）、赤毛はうわべだけの改宗者《コンベルソ》のしるしでもあったかもしれない――ことに、赤毛のせいだとされるほかのあらゆる特質が、コンベルソの不誠実で信用ならない性質と関連していることを考えれば。結局ここで、偏見が差別を正当化し、差別が偏見を強めるという堂々めぐりがはじまるのだ。スペインにおける赤毛に対する態度は、全ヨーロッパのカトリック教会の懸念と偏見を反映していたにすぎない。中世ヨーロッパで赤毛の人、わけても赤毛の男性への反感がやむことなく増していった理由を探りたい人は、その時代の反ユダヤ主義をひたすら探ればいい。これは、赤毛に対する態度が男性と女性で極端に分かれはじめる時点を見定めたい人についても言える。

人々が何を考え、何を信じていたかを理解するには、彼らが見ていたものを見ることからはじめるといい。ここで見ていくのは、10年と隔てずに描かれた2枚の――1枚はドイツの、1枚はフランスの――板絵《いたえ》で、それぞれが中世における赤毛に対する態度の両極を表している。ドイツの作品はオリーブ山のキリスト、というより《ゲツセマネの祈り》としてよく知られる場面を題材としたもので、制作年は1444～45年ごろとされ、現在はミュンヘンのバイエルン国立博物館にある（図7）。それは長年――実に数世紀――のあいだ、どの画家の作とも知れず、失われた歴史のなかでその前にひざまずいた無数の名もなき信者のことを静かに物語る、作者不詳の宗教画のひとつにすぎなかった。その作者が1980年代になってようやく特定された――ガブリエル・アングラー・ジ・エルダーという、生没年1404～83年ごろと考えられるミュンヘンの画家である。(5) その作品群は過去に、代表作のタイトルの項目下でひとまとめにされており、彼は〝マスター・オブ・ジ・テーゲルンゼー・オルター〟の雅号で知られていた。

アングラーの《ゲツセマネの祈り》を見てみると、そこはある種の庭園のようだが、一部はごつごつした岩がそのままむき出しになっている。柳の柵に囲われているところは、最初の楽園エデンや、一角獣と処女の園や、黙想か祈りのために設けられたあらゆる秘密の園を思い起こさせる。時間帯は夜だ。庭園には4人の人物がいて、うち3人はまるくなって眠っている。背景が17世紀になって修復されたことは特筆しておくが、その修復家は、まさに凶事を予感させる暗い空を描き出すことで、共感を呼ぶよい仕事をした。それは天国がかぎりなく地上に近づいた夜の空のようで、その空は繊細なゴシック建築の狭間飾りに縁取られている。この神の国の左上には、巻物を手にした天使が浮かんでいる。その静けさが耳に聞こえてくるようだ――夜の虫の鳴き声が、天使の手からほどけた巻物のはためきが、ひとり目覚めていて、むき出しの岩を祈禱台のようにしてひざまずく男の囁きが。

右手に目を移すと、絵の向こうの別世界から、堅牢にはまるで見えない入口へ突入しようと、15世紀の完全武装をした数人の兵士が、兜を着け、腰に剣を差し、槍と矛槍を頭上でぎらつかせている――宗教改革以前の特別機動隊《SWAT》チームだ。彼らを無防備な戸口から園内へ導いているのは、黄色っぽい長いローブ姿の男で、あたかも画家の時代から聖書の時代に兵士らを呼びつけたかのようだ。男は片方の手を持ちあげ、シーッ！と警告するように指を1本立てているが、もちろん、皮肉をこめて天上の神を指さしてもいる。さらにもう一方の手で、首にかけた重そうな袋を支え持っている。これがユダだ。そしてその髪と顎ひげ、頬の色までもが赤い。

中世ヨーロッパに生きた赤毛の男性は、古代ギリシアかローマに生きた場合に劣らず不利な立場にあった（覚えておくべきは、この時代を通して、男性の髪が女性のそれよりずっと人目につきやすかったことだ）。その偏見を正当化したい者たちは、旧約聖書に出てくる粗野な人物を引き合いに出した――〝血色がよく、全身が毛皮の衣のように〟生まれつき、知力のまさる弟のヤコブに相続権を奪われるほど愚鈍なエサウだ。そんなやつら（たとえば、一杯の熱い汁物と引き換えに長子相続権を手放させた、ヤコブのような連中）に出くわすと、赤毛の男は顔を赤黒く紅潮させ、暴力と、理性の喪失と、唐突で無分別な報復の予兆を示すというのだ。[6] 聖書のダビデ王でさえ、そのように見られていた節がある――見たところ〝ダビデは血色がよく〟、サムエルは〝彼もまた殺人者なのではないかと考え、恐怖に駆られていた〟。ダビデ王がその血色を根拠に人間性を疑われていたのなら、中世の人々が己の恐れを、よそ者で、異端者で、偶像崇拝者で、シナゴーグへかよう、奇妙な食習慣と赤毛を持つ隣人のせいにしたとしてもなんら不思議はないし、そうなりがちだったのではなかろうか。

実はその当時、赤毛は今日ほど珍しくなかったと考えるのは無茶である。昔もいまも、赤毛はユダヤ人のなかだろうと、アイルランド人やスコットランド人のなかだろうと、まちがいなくトラキア人の時代と同様に、やはり少数にしか見られない特徴だった。しかしここでもまた、赤毛は異分子の民族全体を表すようになる——一度目にしたら、どうやらその人たちにはほかのどんな特徴も見えなくなってしまうらしい。(7) 中世美術に見られる男性の赤毛は、ことに血色のいい肌と組み合わさった場合、西部劇で悪役がかぶっている黒い帽子と同じ働きをする。つまり、ひどく無分別なたぐいの——動物的で、頭が弱くて、理屈が通じないものだから、むやみに喧嘩を売る——粗暴なキャラクターを簡略に示す働きだ。また、その人物がただの農奴(villein)ではなく、ならず者(villain)であることを示す手段でもあった。(8) 赤毛は鞭と突き棒でキリストを痛めつけた者たち(ユダヤ人)の髪の色であり、数多くの中世絵画に画家の創作が紛れこんでいる——キリストの額にイバラの冠を押しつけるというような、滑稽で、残虐好みで、凝りすぎた描き方で(いっそ、拷問者たちに手袋をはめればよかったのでは?)。注目すべきは、ユダをことさら意地悪く戯画化した絵のいくつかに、血色のよい/荒れた/日に焼けた肌と赤毛との組み合わせが見られることだ。そしてこれは、またメリンコフの指摘になるが、キリストの磔刑の場面で、裸で晒し者にされた改心しない盗人の色使いにも見られる（図8）。背中を反らして苦悶に身をよじり、悪霊に取り憑かれ、神と人間（とカトリック教会）に見放された盗人は、やはりがさつな野蛮人である。天国へ召される改心した盗人には、白っぽく落ち着いた色が使われているが、それと対照的に、改心しない盗人には、その異常性と非情さ、恩情は不要であることを思い起こさせる色が使われ、画家は言わば私たちの代理人として、社会とキリスト教徒の復讐心をはっきりと示している。

さて、ユダとユダヤ人と赤毛を結びつけたその偏見は、どのようにして持続したのか。アングラーの絵の完成から1世紀半後の1599年に書かれた『お気に召すまま』（小田島雄志訳／白水社／1983年）で、シェイクスピアは、オーランドーの髪が〝ユダの髪よりはいくらか茶色い〟と庇う台詞をシーリアに言わせている。1690年代には、詩人のジョン・ドライデンが、自身の出版人ジェイコブ・トンソン（シェイクスピアの戯曲群を初めて著作権で保護したほど抜け目のないビジネスマン）との激しい諍いのさなかに、トンソンは〝身ごなしがぶざまで、ユダと同じ髪の色をしている〟と罵っている。赤毛とユダヤ人との結びつきは根強く、1814年にドルリー・レーン劇場でエドマンド・キーンがその役に扮したときにもまだ、シャイロック（『ヴェニスの商人』に登場するユダヤ人の高利貸し）は赤毛のかつらを着けて演じられていた。[9] それ以前と以後のどの作家よりも、追い払われた民や疎外された民について熱のこもった擁護ができたかもしれないチャールズ・ディケンズでさえ、1838年の小説『オリバー・ツイスト』（中村能三訳／新潮社／2005年）に、フェイギンという人物――〝かなり年老いた、皺だらけのユダヤ人で、その悪党らしい風体と気味の悪い顔はたっぷりしたもじゃもじゃの赤毛に覆い隠されている〃——を登場させている。このフェイギンというキャラクターは、そもそも赤毛のユダを根づかせた偏見と肩を並べる程度には、よからぬものを赤毛と結びつけるのに貢献したと思われる。(10)

では、そのつながりはどのように持続しているのか。２００５年に放送されたアニメーション・シリーズ『サウスパーク』の悪評高い「赤毛の子供たち《ジンジャー・キッズ》」の回で、悪ガキのひとり、カートマンが〃赤毛のやつらは生気がなくて〃お日さまの下にも出てこられない、と言い放った（めったに見せないけれど見事なジューフロ〔ユダヤ人のアフロヘア〕の持ち主、カイルの激怒を受けて）のは、ユダが死霊となり、死にきっていない者《アンデッド》としてこの世をさまよったという昔からの伝承を掘り起こしているにすぎない。これは、それぞれの世代が最新の層を積み重ねることで、だんだんとこうした民間伝承が固着していくほぼ完璧な例である。１８８７年、フランスの地理学者エリゼ・ルクリュが、こんなルーマニアの言い伝えを書き記した——〃死者が赤毛である場合……彼は犬や、カエルや、ノミや、トコジラミに姿を変えて戻ってくる、そして……夜更けに家々に忍びこみ、若く美しい娘たちの生き血を吸うだろう〃。吸血鬼といえば、血に飢えた者だ——赤は血の色であり、ゆえに赤色は人が吸血鬼の存在を信じる素因となる。(11)実のところ、バイロン卿の主治医ジョン・ポリドリ（偶然にも、あのラファエル前派の画家ダンテ・ゲイブリエル・ロセッティのおじにあたる）が、このジャンルを確立した短篇小説「吸血鬼　The Vampyre」（１８１９年）を発表するまで、吸血鬼というものは、その作品で描かれた謎のルスベン卿のような青ざめた肌と死んだ目をした貴族ではなく、血で満たされていることを示す顔の赤みによって正体がばれてしまう存在だったのだ。

これにとどまらず、ルクリュが記した赤毛と吸血鬼とのつながりは、さらに古い、バイロンの時代のダキア人の伝承にまで遡るかもしれない。実は、ダキア人は黒海の西部地域に暮らしたもうひとつのインド・ヨーロッパ語族で、もとはトラキア人だった可能性があるが、スキタイ人とケルト族からより大きな影響を受けている。そうでない可能性もあるけれど。こういうことはみな、多少疑って聞いておくのがいい——この分野にいちはやく関心を持った作家のひとり、モンタギュー・サマーズ（1880～1948年）のように。サマーズの個人的なおはこは、悪名高い同時代のオカルティスト、アレイスター・クロウリーがなりきっていた狂気の降霊術師とは対照的に、魔女狩りをする学者を名乗ることだった（この2人は当然ながら、知人どうしだった——サマーズ自身、悪魔崇拝者であった疑いが濃厚で、小児性愛者であった疑いもある）。サマーズは、現世で罪を犯した者たちはスラヴ民族の伝説どおり吸血鬼となってよみがえるというギリシアの伝承について調べ、セルビアでは赤毛と灰色の目を持つ人々が吸血鬼と見なされると述べている[12]。ほかにも、ある特定の伝説に納得がいくつながりはいくつかある。ユダが天国からも地獄からも拒絶され、吸血鬼としてさまよっているという伝説は、〝さまよえるユダヤ人（キリストを侮辱した罰として、死ぬこともできず永遠に世界をさまようユダヤ人）〟のそれを真似ているし、吸血鬼が不死身であることは、旧約聖書の〝カインの刻印《しるし》（アベル殺しの罪でヤハウェがカインを追放する際、その額に、この男を害する者は7倍の害を被るとしるしたことで、カインはだれにも殺されない身となる）〟の物語を示唆しているかもしれない。魔女や、狼人間や、夜中に奇妙な物音を立てるほかのどんな魔物をも倒すとされる銀の弾丸は、キリストを裏切ったユダに支払われた30枚の銀貨を暗示していそうだ。これらはみな、インターネットもウーズルを生み出す蝶も必要ないことを証明している。
『サウスパーク』の「ジンジャー・キッズ」の回は、ヨークシャー（より北方の赤毛の頻発地帯）の学校で、不快きわまりない〝キック・ア・ジンジャー・デイ〟（11月20日に赤毛で色白の子を蹴ろうという悪ふざけ）がはじまるきっかけとなった。この顚末に教訓があるとしたら、それはこうだ――愚かな者に、人種差別の愚かさについての高尚な風刺ものを見せるべからず。あるいはルース・メリンコフの言うように、〝赤毛は少数派の特徴であり、この事実によって、なぜ赤毛が負の属性として視覚芸術に用いられるのか、なぜいまだに方々で不審者扱いされるのかはじゅうぶんはっきりする。赤毛や、赤ひげや、赤ら肌に対する反感は、それほど単純で、また複雑なものなのである〟
ごもっとも。

もう1枚のフランスの板絵は、あらゆる点でドイツの作品と異なっている（図9）。それは《聖母戴冠》を描いたもので、ヴィルヌーヴ・レザヴィニョンにある、祝福の谷のカルトゥジオ会修道院の依頼で制作された。作品は現在もその修道院に残っており、支払いをした聖職者ジャン・ド・モンタニーと画家のアンゲラン・カルトンとのあいだで交わされた契約書には、1454年9月29日に受け渡しと記されているので、その日以来そこにあると推定できる。

依頼を受けたアンゲラン・カルトンの契約書が残存していて、その書面から注文内容が驚くほど仔細にわかるという理由で、この絵は今日でも広く知られている――ともかく、中世美術を専門とする学者や学生のあいだでは（それにまさるもうひとつの理由はもちろん、作品自体のほぼ非の打ちどころのない、無比の美しさである)。この時代の文書は、どんなものであれ残存していることが稀である。中世美術の学者たちは、研究対象の画家についてひとことでも言及されている公文書や教区記録を何年もかけて探しまわり、ほんの短い言及でも見つかれば、さらに何年もかけてその考察や分析にあたる。このような状況ゆえ、カルトンへの《聖母戴冠》の注文書は、エル・シドロンのネアンデルタール人一家の発見と同等の重要性を持つ。注文書に明記されていた指示はこういうものだ――何より肝心な、絵の構図(詩的表現を控えた〝楽園の体裁で〟とある)、その楽園に配するべき主要な聖人それぞれの名前、左下の内部の見える教会には聖グレゴリウスのミサを描きこむこと、聖三位一体は〝父なる神と子なる神にいかなるちがいもないように描くこと〟。また、支払い時期や納入期限も記されていて、契約書を作成し、署名した場所の記録まである――ジャン・デ・ブリアという者の香辛料店だ。聖母マリアがまとっているべき衣(〝ダマスク織りの白絹〟)や、聖三位一体は智天使《ケルビム》と熾天使《セラビム》に取り巻かれていること(完成品でもたしかにそうなっている)などの記述もある。これだけ細かく指定してあるのに、絵の中心にいる人物、聖母の容姿は画家に一任されている――〝アンゲラン師が最良と考える姿に〟。

実のところ、残存している該当作品は2作しかないものの、これ以外にアンゲラン・カルトンが交わした契約書が6部も見つかっている。それらの契約書からわかる、というか推定できるのは、彼が確実に1420年ごろの生まれで、1444年にはエクス・アン・プロヴァンスに、1446年にはアルルに滞在し、1447年にアヴィニョンで家を借りたということだ。カルトンはどうやら(この時代の画家には、いやたぶん、時代を問わず画家には珍しいことに)依頼された作品を怠りなく納入していたようだ。私たちの見るかぎり、彼は場所から場所へ、パトロンからパトロンへ、ある仕事からより大きな仕事へ、ある報酬からより高い報酬へと、スムーズに移っていっている。アヴィニョンでの最初の依頼は、現地のセレスティン女子修道院のための《慈悲の聖母》（現在はシャンティイのコンデ美術館にある）で、《聖母戴冠》の依頼はその5、6年後だった[13]。

この《聖母戴冠》はどこをとっても特別である。まず、保存状態がすばらしい。カルトンの色使い――天国に使われた炎のような赤と深い青と涼やかな青、地上に使われた淡い色彩――も独特だ。聖人や司祭や司教や聖殉教者が何百人といるが、どの人もひとりひとりちがっていて、どの顔も今日のアヴィニョンで出くわしそうなほどリアルに描き出されている。息子なる神と父なる神は、ほぼそっくりな顎ひげのある兄弟2人に見え、緑でパイピングされた赤い絹に身を包んでいる。その2人のあいだに、画家が最良と考える姿に描かれた聖母がいる。では、どんなところを画家は最良と考えたのか？　ダマスク織りの白絹でないのはたしかだ。契約書の指示は無視され、聖母は、図案化した花柄を大胆にあしらった金色の衣をまとっている。そしてその髪は赤い。

聖母は、ふわふわした雲と青いケルビムとが形作る白い毛皮状のものの上でひざまずき、指の長い両手を胸の上で交差させている。聖霊のはためく翼の下で首をやや傾け、両側にいる父なる神と息子なる神から重そうな冠をかぶせられている。目は半ば伏せられ、鮮やかな赤毛が肩に垂れている。果たして、そんな赤毛であるせいか、その髪と象牙色の肌の印象は、背景の燃えているセラピムにさえ引けをとっていない。カルトンの作品で赤毛に描かれているのは、彼女ひとりというわけでもない。《慈悲の聖母》の聖母もまた、信者たちを覆い隠しているマントの下から赤い髪を覗かせている。彼女も、同じように顎の尖った卵形の顔と、長くまっすぐな鼻と、優しげな眉と、ちょっとアジア人のような細い目をしている。彼女は単に、カルトンの理想の女性だったのだろうか。《聖母戴冠》の聖母の顔を見て、その人となりや、覚悟まで見えるように感じる人もいるだろう——半ば伏せたまぶたの下から鑑賞者をとらえる、己の役割をはっきりと心得たその目に。6世紀前のアヴィニョンの通りで、現実にそんな髪を見かけていた可能性はあるのだろうか？

画家には赤い髪と、しばしばそれにともなう白い肌の熱烈な崇拝者が多い。ハンス・メムリンクが1467～73年ごろに制作した三連祭壇画《トリプティク》、《最後の審判》を見ると、絵の左翼に、裸で堂々と聖ペテロに迎えられている赤毛の女性が少なくとも2人いて、楽園に至る水晶の階段を、ほかの大勢と厳かにのぼっていく(14)（図10）。2人は私たちに背を向けていて、その波打つ赤い髪は腰に届いている。同じ絵のなかで、地獄に堕とされる者と救われる者とを選別している大天使ミカエルも赤毛だ。女性や天使の赤毛は美しいものである——こうした中世の画家たちは、私たちにそう伝えようとしているようだ。もちろん（と彼らは言い添える）、例外はあるけれど。つまるところ、こうした中世の絵画には、赤毛に描かれたきわめて美しく神々しい聖母マリアがいる一方で、やはり赤毛に描かれたイスカリオテのユダもいるのだ。明らかに、一方の赤は善であり、他方は究極の悪である。これではどうしたって〝なぜ？〟と問いたくなる。なぜ赤毛にこうも男女差があるのか。なぜ女性だとこうも話がちがってくるのか。

もう1枚、こういう絵もある――コルマールのウンターリンデン美術館《ミュゼ・ウンターリンデン》が所蔵する作品で、フランス語とドイツ語のつながったその館名が、コルマールの歴史をじゅうぶんにうかがわせる。9世紀に創設されたその都市は、フランスとドイツの国境すれすれに位置しており、その境界線は縄跳びの縄さながらにコルマールの上で激しく揺れ動いてきた。もともとは神聖ローマ帝国の一部であったが、１６７３年にルイ14世に征服された。１８７１年には、普仏戦争の結果、ドイツの支配下に戻り、１９１９年にフランスに返還されたものの、１９４０年にはナチス・ドイツに併合され、１９４５年にふたたびフランスに返還された。それほどの長きにわたって、それほど多くの戦争が間近でおこなわれていたなら、古きコルマールの面影はほとんど残っていないのでは、と思われるかもしれないが、それはちがう。その都市は映画のセット並みに美しく、魔女の帽子形の屋根や砂岩に大胆な彫刻を施した戸口のある精巧な木骨造りの建築が、15～16世紀にかけて国境の交易所であったことでどれだけ街が潤っていたかを物語っている。[15] ワインは美味で、料理も心臓が止まるほどすばらしく、住民は2つの言語を使いこなしている。１８３４年、そこは「自由の女神」の設計者、フレデリック・オーギュスト・バルトルディの生誕地となり、１４５０年前後には、ドイツではその世代随一の画家とも言われるマルティン・ショーンガウアーの生誕地となった。彼の工房（その時代の成功した画家はみな、工房を構えて助手と弟子を迎え入れた）は、１４８０年に図11の板絵を制作した。それもまた境界線を曖昧にするものだ。

この絵に描かれているのも庭園だが、ガブリエル・アングラーの《ゲツセマネの祈り》のそれとはずいぶん異なっている。柳の柵は密に組まれ、門は節のある角材でできていて、今日でもその複製を造れそうなほどしっかりと写実的に描かれている。教会の墓地の屋根付き門のような、小さな屋根もある。空は、夜を表す暗色でも重ね塗りした色でもなく、金色――そこは神聖な空間なのだ――で、地面は毛皮のようにふかふかした草の緑だ。近代のエデンの園といったところだろうか。バラの茂みがあり、ボタンとおぼしき花が咲いている。木々の枝には鳥が2羽止まっている。1羽はセキレイ、もう1羽はズアオアトリのようだが、だとすると、この時代の絵の細部はすべて意図して描かれているため、セキレイはこの世の愛と美を象徴し（アフロディテの古典神話と関連のある鳥だ）、ズアオアトリは禁欲を象徴していると考えられる。2羽の鳥は前景にいる2人の人物、この園のイヴとアダム――草の上に膝をついている、赤銅色の豊かな巻き毛の女性と、立ち去ろうとしつつも彼女を顧みている男性――の対比を表しているのだ。男性はキリストで、教会の旗じるしを携え、輝かしい深紅のトーガをまとっており、右胸の下の犠牲の傷を見せるように配してある（偶然にも、《死にゆくガラテヤ人》と同じ位置の傷だ――こういうことはおのずと繰り返す）。女性はマグダラのマリアで、つまりこれは〝私にふれてはならない《ノリ・メ・タンゲレ》〟、よみがえったキリストが墓の外でマグダラのマリアの姿を認め、そのように言い放った瞬間だ。思うに、これは西洋美術全般を見渡してもあまり例がないほど心理的に複雑な場面であり、このマグダラのマリアという赤毛の人物――西洋の美術と文学が創り出した、だれよりも多面的で人を惹きつけるキャラクターのひとり――こそ、西洋人の赤毛の男性または女性に対する態度がこれほどくっきりと分かれた、ただひとつの要因だと私は言いたい。歴史上の偶然の出来事によって、赤毛の男性は、野蛮な戦士、道化、軟弱者、大反逆者、手のつけられない暴れ者といった型にはめられてきた。赤毛の女性がはめられた型は、マグダラのマリアだ。

今日の私たちがマグダラのマリアと認識しているのは、聖書の物語に登場する少なくとも4人の人物が融合したキャラクターである。ひとりは、キリストの磔刑と復活のどちらにも居合わせ、よみがえったキリストが最初に正体を明かした相手である、マグダラのマリアその人。マルタを姉に、ラザロを弟に持ち、聖ヨハネの福音書によると、キリストの足に香油を塗り、その足をみずからの髪で拭ったというベタニヤのマリア。聖ルカの福音書に出てくる、パリサイ人の家でキリストに近づいて同じ行為に及んだ、〝罪人〟としか記されていない名なしの女。聖マルコの福音書のなかで、キリストが悪魔憑きを癒やしてやったもうひとりのマリア。さらに候補がいるとすればエジプトのマリアだろうか――13世紀の聖職者ヤコブス・デ・ウォラギネが著した名高い聖人伝のなかの、マグダラのマリアの伝記を読むと、髪以外は一糸まとわず砂漠をさまよったというその人物（こちらも元娼婦の聖人）の物語に、いくらか影響されているようなので。

真実はひとつの物語でなくてはならず、そうでなければ存在しないも同然と見ていたキリスト教会の始祖たちにとって、聖書の難点は、指導や説教の拠りどころとなる聖典の種類が多く、矛盾が見られる場合がままあることだった。これはキリスト教にかぎった問題というわけでもない。8〜10世紀ごろに書かれた、聖典タルムードと並んでユダヤ人の精神文化を支える『ベン・シラのアルファベット』（イスラエルのことわざや寓話、伝承を集めた著者不明の書物）は、イヴ以前の、アダムの最初の妻リリスをいきなり出現させ、旧約聖書の創世記で〝妻〟が二度言及されている事実に説明をつけている。

1箇所は創世記1章27節――
神は人をご自身のかたちとして創造された。神のかたちとして彼を創造し、男と女とに彼らを創造された。(新改訳第3版)

もう1箇所は同2章22節――
神である〝主〟は、人から取ったあばら骨をひとりの女に造り上げ、その女を人のところに連れて来られた。(新改訳第3版)

この小さな齟齬をもとに、そして古いユダヤ神話やバビロニア神話にまでかなりの尾ひれをつけた形で、リリスの伝説が創り出された――自身を夫と対等の存在と考え(アダムのあばら骨から造られた従順なイヴとはちがう)、〝下になる〟のを拒み、アダムと口論したすえ、ひとりバビロニアの荒れ野に飛び出してしまう女性だ。議論好きで反抗的ということで、今日に至るまで、赤毛として描かれることが実に多かった。

もともと誤植とすら言えないものに入念な辻褄合わせを施すなど、苦心するだけの価値もなさそうに思えるが、片やゴート人、片やコンスタンティノープルの脅威に悩まされていた、中世初期のカトリック教会の歴代教皇にとっては、それだけの価値があったのである。591年、教皇グレゴリウス1世(グレゴリオ聖歌の名前の由来となったその人)は第33回の説教で、聖ルカの福音書のなかの名なしの罪人と、聖マルコの福音書のなかで悪魔憑きを癒やされたマリアと、ベタニヤのマリアと、キリストの最も古い使徒であるマグダラのマリアは同一人物であったと宣言した。

ルカが罪深い女と呼び、ヨハネがマリアと呼ぶその女は、7つの悪魔を祓い除かれたとマルコが伝えるマリアだと我々は考える……

……その女がかねてより、禁断の行為に及ぶ際その身に芳香をまとうべく香油を用いていたのは明らかである。女は恥ずべき目的で誇示していたそれを、いまや称賛に値する態度で神に差し出している。女は煩悩で目を曇らせていたが、悔い改めたいま、それらは涙で消しつくされた。女は顔立ちを引き立てる髪を誇っていたが、いまやその髪が涙を乾かしている。女はその口で自慢話をしていたが、主の足に口づけすることで、いま救い主の足にも口づけした。それゆえ、女はその身が覚えているあらゆる歓びを、いまみずから焼きつくした。女は悔悟して全身全霊で神に仕えるため、己の罪の重みを美徳に変えたのだ。

では、何がこの〝罪深い女〟と〝罪を犯しやすい女性〟という奏功した組み合わせを裏づけたのか。

ヤコブス・デ・ウォラギネが聖人たちの生涯をまとめあげた、当時のベストセラー本『黄金伝説』（前田敬作ほか訳／平凡社／２００６年）によると、マグダラのマリアは裕福な両親のもとに生まれた娘で、デ・ウォラギネの（というか、１４８３年にこれを翻訳したウィリアム・キャクストンの）言葉を借りれば、〝輝くばかりに美しかった〟という。彼女の罪は、売春という露骨な表現ではなく、その容姿と富を享受し〝歓び〟に身を委ねたことだ、と書かれている。女性の美しさ、女性の富、そして何より女性の歓びは、中世のキリスト教会にとってたいそう好ましからぬもので（今日でもその点は大差ないように思えるけれど）、案にたがわず、それらがマグダラのマリアの転落を招いた。聖霊の導きを受けた彼女は、自責の念を抱えきれなくなり、財産をなげうって、いちばん高価な壺入りの香油（コルマールの板絵のなかで、彼女の膝もとにある消火栓のミニチュアのようなもの）を買い求め、罪を悔い、涙を流しながら、パリサイ人の家でキリストに近づく。ここから、よく知られた涙と足と香油と髪の話が続く。キリスト復活後の迫害のなか、マグダラのマリアと、エクス・アン・プロヴァンスの聖マクシマンを含む仲間たちは、舵もない小舟に乗せられ、漂流する。やがてマルセイユの海岸へ流れ着いて、その地で彼女は伝道をはじめる。現地の王子が改宗し、数々の奇跡と幻視を体験したのち、異教徒の聖堂を破壊してしまうと、マグダラのマリアは、キャクストンが感傷的に記しているとおり〝相応の厳しい不毛の地〟へ隠遁し、己の信仰と、日々の清らかな〝施し〟――天使の聖歌隊が自分のために歌い、食べ物を与えてくれる――のみに支えられ、その後の30年をひとりきりで黙想して過ごした。そして聖マクシマンから最後の聖餐にあずかったのちに身罷《みまか》り、自身も〝種々の貴重な香油〟を注がれて埋葬された。10世紀には、数百マイルも内陸に入った、ブルゴーニュ地方のヴェズレイでその遺物が発見されている。

しかし中世には、聖人の遺物の発見はすなわち一大事だった。1279年、サレルノの王子カルロ2世が、エクス・アン・プロヴァンス近くのサン・マクシマン教会内にマグダラのマリアの本物の遺物がまだ眠っていると夢で告げられたことを明らかにした。カルロはほぼ生涯を通して、シチリアの支配をめぐるアラゴン、ナポリ、シチリアの三王国間の権力争い（ともすればフェデリーコ2世の死まで遡る1世紀に及ぶ抗争）に巻きこまれていたが、領土にエクス・アン・プロヴァンスを擁するアンジュー伯の地位にもあり、夢のお告げが誠であったと判明するや、神と教皇の両方に裏書きされた貴重な身分を手に入れることになる。かくしてサン・マクシマンの地下聖堂の墓が開かれ、遺物はたしかに見つかり（腐敗もせず、えも言われぬ芳香に包まれた状態で）、教皇ボニファティウス8世が求めに応じてそれらを検認した。カルロはその地に巨大なバシリカ式の巡礼教会を建て、かの聖人の遺物は傷んだ波打つ金髪とともに、金の聖遺物箱に収められた。そしてマグダラのマリア崇拝がはじまり、初めはナポリを経てイタリアへ、そこからヨーロッパじゅうに広まった。

では歴史はこのくらいにして、その女性のことを話そう。

マグダラのマリアにまつわる象徴の意味を解明し、彼女が中世の人々にとってこれほど重要で、普遍的で、敬愛される人物となった要因を分析するには、まず何をするべきだろう。どこから手をつければいい？　まずは、彼女の歩んだ人生だろうか——富も特権も、やがて無意味なものとなり、より偉大なもののために手放された。[16] その一連の物語は、今日でもなお私たちの心の琴線にふれる――他人の不幸を喜ぶ気持ちがいつしか共感に変わり、さらには、リアリティ番組を例外なく盛りあげるたぐいの、称賛の念に変わるのだ。彼女の役まわりと、そのポーズについても見ていこう。涙ながらの悔悛者として、和解を求める者として、服従させられた反抗的な女として、彼女は悔い改めて償いに訪れ、まるで恋人にするように、キリストの足もとにひざまずき、みずからの髪で彼の足を拭う。それと対をなすように、庭園でひざまずき、キリストに向かって手を伸ばす――この庭園の場面の彼女は、言うまでもなく、最初の罪を犯しやすい女性、イヴに対する毒消しの役をも担っている。もしキリストが彼女の額にふれていれば、その行為は〝カインの刻印〟に対する毒消しとも受けとれそうだ。この場面には、彼女自身の甘く切ない苦悩、〝ノリ・メ・タンゲレ〟――見てもよいが、ふれるな――もある。ひざまずいているのはマグダラのマリアで、見たところは屈従しているのだが、キリストのほうへ手を伸ばしたそのポーズは、中世の世界では普通、愛慕か欲望の対象である〝手の届かない女性〟に割りあてられていた役柄にあえて男性を据えたような、立場の逆転を感じさせる（これだから彼女に注目せずにはいられないのだ）。そしてマグダラのマリアといえば、涙もある。彼女は涙を流すし、心で感じもする。彼女は人間ならではの感情を持っていて、画家たちは感情を表に出した彼女を描く――現在フィレンツェのピッティ宮殿にある、ティツィアーノの1533年ごろの作品、《悔悛するマグダラのマリア》では、彼女は長い髪を体に巻きつけ、目に涙をためて天を仰いでいる。あるいは、その100年前の、ファン・エイクの《キリスト磔刑》（図12、1440年ごろ、メトロポリタン美術館）。この絵では聖母マリアが左下でくずおれ、顔を隠して、文字どおり悲しみに包まれている。マグダラのマリアはそのかたわらで、鑑賞者に背を向け（ここでもやはり、波打つ赤毛を垂らしている）、その苦悶の光景を全身で受け止めるかのように両腕をあげ、両手を組み合わせて、天の仲裁を懇願している。

では続いて、彼女の官能性と人間らしい情熱を見ていこう。

あなたの女性の配偶者が赤毛であれば、ある程度確実に、無事の出産と健康な跡継ぎが望めるかもしれないが、ここに登場するのはそんな迷信にとどまらない。赤は血の色である。赤毛の人に浴びせられた最も古いそしりのひとつは、生理中の性交でできた子だというものだ――その行為自体が最も古い性的禁忌のひとつであった。そして、赤が血の色なら、それは憤怒か性的興奮による、情熱の色ということにもなる。さらに、赤は炎の色でもある。403年、ヒエロニムス（聖ジェローム）はラエタという女性への手紙に、彼女の娘パウラについて、強い口調でこう書いている――〝決して、娘の髪を赤に染めてはならない、それは娘にとって地獄の炎の先ぶれとなろう〟。これで、3つすべてがきれいにつながった。赤毛と売春のあいだには特に歴史的なつながりはないようだが、赤色とその職業とのあいだには、旧約聖書にまで遡るつながりがある。ヨシュア記に登場する心優しい娼婦ラハブは、ヨシュアがエリコに差し向けた偵察隊を、自宅に積んであった屋根葺き材（俗語で「女性の陰毛」の意もあり）のなかにかくまったことで（これも毛の象徴化に思えるのだが？）わが身を救った、もうひとりの罪を犯しやすい女性で、ヨシュア軍が町を略奪したとき、ラハブは自分の家を示す赤い紐をその窓から垂らし、彼女とその家族は制裁を免れた。このラハブの紐は、売春地区の由来かもしれないと示唆されている――赤色と血、情熱、炎との関連だけでは、まだ説得力に欠けるとばかりに。赤色は目立つ。仮にあなたが街娼で、人の目を引きたければ、髪を赤くするのもひとつの手だし、赤は長年にわたって、この場合はヘナのような自然の染料で容易に実現できる髪色でもあった。そして、赤はマグダラのマリアの色だ。１４４５年ごろ、ロヒール・ファン・デル・ウェイデンが修道女を装ったマグダラのマリアを描いている。現在はウィーンの美術史美術館にあるその作品《キリスト磔刑の三連画》の左翼にいる彼女は、黒衣をまとい、髪を頭巾の下に隠しているが、それでも鮮やかな赤のアンダースカートを穿いている。画家たちは、そんなマグダラのマリアを青いローブを着た聖母マリアと対比させることで、相関性を持たせていたとも推測できそうだ。その一方で、中世には赤色が神の愛《カリタス》を象徴していたと主張されてきた（でもそれだと、赤色がユダと正反対のものを象徴していたことにもなる）。それから、長い髪または垂らした髪とセックスとのあいだには非常にはっきりしたつながりがある――中世の処女は髪をおろしていて、妻（キリスト教徒かユダヤ教徒）は髪を束ねてまとめていた――実際、ユダヤ人社会で不貞を疑われた妻が受ける辱めのひとつに、ほどいた髪を人目に晒すというものがあった。だれもが知っている、こんな紋切り型の情景もある――冴えない秘書が眼鏡をはずし、シニヨンにしていた髪をほどいたとたん、彼女の（男性の）上司が目を見張って感嘆の声を漏らす――〝おいおい、ミス・ピーボディ、君がそんな美人だったとは！〟。これはどこではじまったのだろう？[17]　まるで髪をほどくことによって、色気まで解き放ったかのようだし、中世の娼婦はたしかに、堅気でない、性的に成熟した女性がするように髪をおろしていた

（それに娼婦の数も多かった――16世紀の日記作家マリーン・サヌードの推定では、ヴェネツィアには総人口約10万人に対し、1万1000人の娼婦がいたという）。娼婦は男娼ほど不道徳な存在ではないとして、ヴェネツィアのような都市では容認されていた。不況のせいで男性がやむなく晩婚になり、婚外性交が往々にして婚外子の誕生につながっていた時代のことだ。また、梅毒という病気が、十中八九、クリストファー・コロンブスの船の乗組員らによって、新世界からヨーロッパに初めて持ちこまれた時代でもあった。そして、聖女マグダラのマリアの絶大な人気は、その病気と街娼の数と感染リスクが一気に増えたことを反映しているとも言われてきた。

それでも、長く垂らした髪という街娼の属性をマグダラのマリアに結びつけ、髪の色を赤にすると、その意味はまったく逆になる。たちまちそれは、私たちが彼女をどう認識するかのみならず、社会的に許容できるか、果ては好ましいかという問題になるのだ。ピエロ・ディ・コジモの1500年ごろの作品《マグダラのマリア》は、窓台に本とともに置かれた香油の壺や、真珠をあしらって美しく整えられ、つややかに描かれた長い赤毛がなかったなら、単に窓辺で本を読む女性の肖像になるだろう（それもまた、考える生き物として表現された、黙々と知識を貪る女性という、私の好きなマグダラのマリアの一面だ）。マグダラのマリアが題材ならば、裸身であっても受け入れられる。しかも世間に眉をひそめられるどころか、歓迎され、賛美されるというのは言いすぎだろうか？　ティツィアーノの描いたマグダラのマリアは、隠すようにまとった髪の隙間から思わせぶりに覗く裸の乳房と乳首を意識させないと言われているが、私たち見る側にしてみれば、そこに目が行かないということはほぼありえない。心ゆくまで眺めて愉しむよう、画家にそそのかされているのだから。これは〃恥じらうヴィーナス（ボッティチェリ作《ヴィーナスの誕生》のように、片手で恥部を、片手で乳房を隠したヴィーナスの裸像）〃に扮したマグダラのマリアで、まさに隠すそぶりをしている箇所に私たちの注意を引きつけている。[18] こうして、赤毛の女性と性的魅力とのあいだの古くからの結びつき——これについてはまたあとでふれる——はさらに強固になる。

では、どのくらい強固になりうるのかを示すべく、マグダラのマリアを描いた作品を最後にもう1枚紹介したい。この絵の彼女は宝石も、貴重な香油の壺も、身にまとう布も、住み処も、世間との結びつきもすべて失っている。それでも赤毛であれば彼女だとわかるし、その時代の鑑賞者は（目を疑いつつも）、そういう彼女をやはり受け入れた。1876年、ジュール・ジョゼフ・ルフェーヴルが、洞窟の入口にひとり裸で横たわるマグダラのマリアを描いている（図13）。というより、題材がマグダラのマリアでさえあれば、19世紀の保守的な官展《サロン》の常連画家は裸婦を官能的に描いても咎めを受けず、サロンに出品しつづけることができたのである。では率直に見ていこう——画家は岩に身をあずけた裸の女を描いている。片方の脚は引きあげられていて、見ている者（果報者と呼ぶべきだろう）があと一歩でもまわりこめば、彼女の秘部はまる見えになるはずだ——ギュスターヴ・クールベの悪評高い《世界の起源》（赤毛の美術史上で特異な位置を占めている作品でもある）のモデルのように。彼女は見事な体をしている——脚はすらりと細く、腰はまるみを帯び、胸には張りがあって、最高の魅力を放つよう計算されたポーズをとっている。その肌はどこまでも白い。ルフェーヴルは、彼女の表情を見せて鑑賞者を気まずくさせないよう配慮している。彼女は顔さえも失っている——額以外はほぼ隠れるように片腕をあげて。そう、彼女は全裸とも言えない。ただの裸婦とはちがうのだ——ふくらはぎを横切るイバラの茎と、腰までたっぷりと垂れた、輝くような赤銅色の髪があるかぎりは。[19]

歴史を見ていくと、赤毛の女性はそうでない女性以上にマグダラのマリアに感謝する理由がありそうだが、私たちは聖母マリアとはかけ離れている。それだけはたしかだ。

第4章　頭から生えるもの

人はそれぞれ、自身の蛮族を持っている。
ヘロドトス『歴史』

1578年、クリスマスのロンドンで、翻訳者で編集者のラルフ・ホリンシェッドは、すべての時代のすべての人々を満足させることがいかに難しいかを痛感していた。最悪と呼ばれるプロジェクトの例に漏れず、いまホリンシェッドにそんな悩みをもたらしているのは、自身が考案したプロジェクトですらなかった。25年以上前、まだ20歳かそこらの青二才だったホリンシェッドは、1533年にロンドンにやってきて書籍販売業と印刷業で身を立てた（そこそこ成功もした）レイナー・ウルフというオランダ人の助手として雇われた。出版界はいまに劣らず当時も、次の大当たりを渇望していたが、ヘンリー8世の死から1年後、その息子の少年王エドワード6世の治世に入って1年目の1548年、ウルフは商売敵たちの存在をかすませるであろう出版物の構想を思いついた。

ウルフの頭に浮かんだのは、〝万国編年史〟というコンセプトだった——テューダー朝のウィキペディアのようなものだ。この大著は、聖書の時代の洪水からウルフ自身の時代までの、当時の既知の国すべての歴史を完全な形で新たに書き記した全2巻になる予定だった。だれの目にも親英家の仕事に見えるよう、ウルフは第1巻を英国史のみに充《あ》て、第2巻にほかの全世界の歴史を収めることに決めた。それから30年近い歳月を経て、その大著はようやく出版された。その間に、エドワード6世は15歳で夭逝し、直後にいとこの娘レディ・ジェーン・グレイ——哀れな〝9日間の女王〟——が、次いで異母姉のレディ・メアリー——のちに〝流血《ブラッディ》のメアリー〟と呼ばれる——がその地位を引き継いだ。1558年にはメアリーに代わって、その異母妹エリザベス1世が王位の座に就いた。そんなこんなで〝編年史〟第1巻の分量は大幅に増えた。イングランドとスコットランド、アイルランドに関する記述と歴史がいまや、全巻を占めることとなった。さらにウルフ自身も1573年に他界し、残された妻と後援者らは、プロジェクト完遂に向けての全作業に加え、執筆陣をもホリンシェッドの手に委ねた（察するに、大きな安堵の吐息をつきながら）。そして驚くべきことに、レイナー・ウルフが最初にコンセプトを思いついてから29年後、以後は『ホリンシェッドの年代記　*Holinshed's Chronicles*』（1577年）の名で知られるようになるその著作——イングランドの印刷史に名を刻む大著のひとつ——はベストセラーとなった。

　そのくらいで完成してまだよかった、とも言える。妥当に考えて、印刷業者が活字に組むだけで1年半かかる仕事だった。羽根ペンで書いた原価計算表を前にどれだけの議論が戦わされたか、夜更けまで灯しつづける蠟燭がどれだけ費やされたかは想像に難くないが、それでも需要と関心は後援者を邁進させるに余りあったのだ。1584年には、初版が完売する見通しとなり（当時もいまも、あらゆる出版物にとって最高に喜ばしい事態だ）、『年代記』の後援者は新たな増補版の制作に乗り出すことになる。のちにシェイクスピアが『マクベス』や『リア王』、その他の史劇の資料に用いたことで知られるようになる版だ。ただしそれはみな、未来のことだ。刊行後まもなく、『年代記』とそこに収められた全内容が大問題に直面している。1578年12月5日、女王の枢密院が、その書籍の継続販売を全面的に禁じ、『年代記』の寄稿者のひとり、リチャード・スタニハーストが枢密院への出頭を命じられた。明らかに、その本に刷られた250万語のなかの何かが、だれかの気に障ったのだ。

エリザベスの父か彼女の姉メアリーの治世でのことなら、そうした出頭命令は往々にして投獄や絞首台への短い散歩のはじまりとなったが、このときはそこまで緊迫した状況ではなかった。だがそうは言っても、出版人は眠れぬ一夜を過ごすことにはなっただろう――処刑場タイバーン・ヒルで本が焼き捨てられ、自身も重い罰金かもっとひどい刑を科される恐怖に苛まれて。出頭が破滅につながる恐れはじゅうぶんにあった。

そしてホリンシェッドも重々承知していたはずだが、『年代記』は、ところどころではあれ、危ない橋を渡りきれていなかった。それがいま（当時）になって響いてきたのだ――エリザベスの母、アン・ブーリンの1536年の処刑の箇所をどうにかする必要があったし、エリザベスの父の治世（彼女の異母弟や異母姉の治世は言うに及ばず）の概括箇所にも手を入れる必要があった。宗教改革による社会的・宗教的動乱がまだ収まりきっておらず、大部分がカトリックでおおむね敵対的なヨーロッパの端っこで、プロテスタントのイングランドがなおもその立場を明示していたころの話だ。こうした時代の趨勢《すうせい》に従って、敵と味方とを分ける線が黒々と引かれていたのは驚くにあたらない。ホリンシェッドの『年代記』をここで大きく取りあげているのは、エリザベス朝イングランドの人々の、アイルランド人やスコットランド人という〝異分子〟に対する態度が記されているからでもある。ただその前に、歴史上とりわけ名高い赤毛の人物の図像についてもページを割きたい――エリザベスその人だ。

1577年刊行の『年代記』が打ち出した新機軸のひとつは、テキストの関連箇所に組みこむ形で、木版画の挿絵を入れたことだ。おかげで私たちは、マクベスが3人の魔女と出会い、いずれ王になると告げられる場面や、〝アイルランド〟の項で、アイルランド人の族長が騒々しい従者たちに屋外でごちそうをふるまう図を見ることができる。挿絵の多くは、微笑ましくも時代錯誤だが（マクベスの魔女たちはエリザベス朝の仮面劇の衣装のようなものを着ているし、マクベス自身もリボンをあしらった半ズボンと洒落たビーバー帽という装いである）、ホリンシェッドはなんら意に介さなかったと見える。私たちに判断できるかぎり、添えられた絵が文章の内容と多少ずれていても、読者がそれを目に浮かべる助けになりさえすればよかったのだろう。印刷がかなり粗いようにも見えるが、多くの場合、印刷業者が同じ版木を何度も使っただけのことだ。挿絵画家、というか突発的なその仕事に駆り出された画家たちの名は示されていないが、図案を作ったのはマーカス・ゲーラーツ・ジ・エルダー（1520年ごろ～1590年ごろ）だったとする説もある。ゲーラーツはエッチング師兼版画家として名を知られていたし、『年代記』の木版画制作に実際かかわっていたのなら、図案とその出来栄えとのあいだにはかなりの差があったはずだ。というのも、『年代記』の挿絵はどう見ても、テューダー朝美術のなかでは手軽で安っぽい部類のものだったからだ。とはいえそれは、木版画の宿命でもある——再利用し、削りなおし、繰り返し刷る——言うなれば、伝言ゲームの版画バージョンだ。細部ばかりが際立っていき、残りの部分は消えていく。印刷された絵が版画家のもともと意図したものと一致しているどうかは、確信しようがない。

高価な『年代記』に手が出ない者たちのあいだでもよく知られた、エリザベスの肖像画のひとつは、1569年刊行の『エリザベス女王の祈禱書』で、女王自身が祈りを捧げる姿を描いた口絵であっただろう。これはレヴィナ・ティーリンクという細密画家が彫ったものとされている。エリザベスはその父とちがい、専任の画家を抱えていなかったが（これは、女王の肖像に責任を持つのはほかのだれでもない女王自身という考えからではないかと思わずにはいられない）、この時期のティーリンクはかぎりなくそれに近い存在だったと思われ、そのわりにこの女王の絵は拙劣で、一種異様な感じさえする。処女王《ヴァージン・クイーン》エリザベスは、いわゆる〝プロテスタントの時禱書〟のなかで本来なら聖母マリア《ヴァージン・メアリー》がいるべき位置に如才なくおさまり、トレードマークの鼻と、アステカ族の神官並みにむき出しの額が目立つ、右向きの横顔を見せている(図14)。生え際の髪を引っつめるのが流行りだったのはたしかだが、これは滑稽だ。それはそうと、『年代記』の挿絵として、自身の軍隊に活を入れるブーディカの図を彫ったのがだれであれ、そのブーディカも同じ横顔を見せている（図15）。彼女はヘロドトスの描写したイケニ族の女王よろしく垂らした髪をなびか

図14　1569年版プロテスタントの『エリザベス女王の祈禱書』の口絵は、レヴィナ・ティーリンク作と思われる木版画で、エリザベス1世が祈る姿を描いている。こうした口絵は伝統的な彩飾を施した本に挿入された。この絵の存在により、英国国教会がまだ対外的イメージを気遣っていたことがうかがえる。

図 15　1577 年の『ホリンシェッドの年代記』中の、軍隊に活を入れるブーディカの図。兵士たちのエリザベス朝時代そのものの武装に注目。野ウサギが吉兆を表す小道具に使われていて、背景のテント内に小さく描かれた光景は、ローマ人の手に落ちた女王とその娘たちがどんな目に遭ったかを記しているようだ。だがこの時代のアイルランド人にとって、侵略者とはほかでもないイングランド人だった。

せているが、〝戴冠式の肖像〟のエリザベスもまた、髪をおろしてその若さと処女性を知らしめていて、その絵でエリザベスが着けているのとそっくりな、つぼみ形装飾と開いたアーチ付きの王冠がブーディカの頭に載っている。[1] ケルト族のローブを着たブーディカが描かれていないのと同様に、隊長の言葉を聞く武装した男たちもケルト族の戦士のようには描かれていない。ブーディカが着ているのはエリザベス朝の豪華な刺繍入りガウンで、兵士たちはさながらエリザベス軍の精鋭連隊のような出で立ちをしている。この時代のイングランド人がこんな絵を目にしたら、ブーディカならぬエリザベス女王とその兵隊が、帝国ローマならぬスペインのハプスブルク家に戦いを挑もうとしているようにしか見えなかったのではなかろうか。１９４０年にも同様の状況に陥るように、１５７８年のイングランドは侵略されることを恐れていた。そしてもし、フランス人を煙突伝いに侵入させるぞ、とスコットランド人が脅さなかったとしても、アイルランド人がスペイン人を裏口から招き入れただろう。[2]

1578年には、〝グロリアーナ（叙事詩『妖精の女王』に登場する女王）〟や〝ヴァージン・クイーン〟の愛称で呼ばれ、プロテスタントの君主の典型として――もちろん、プロテスタントの女性君主の典型としても――知られていたエリザベス1世は、その治世の20年目、人生の44年目を迎えていた。16世紀の女性としては盛りをだいぶ過ぎていたと言えるが、エリザベスの肖像の数々は、そんなことをみじんも感じさせない。女王が今後も結婚しないであろうこと、もうテューダー家の跡取りを望める年齢ではないことを、国民は静かに受け入れていたのかもしれない。ちょうどそのころ、プロテスタントのイングランドがじりじりと、ヨーロッパの超大国、カトリックのスペインとの戦争に向かっていることがだれの目にも明らかになっていたように。しかし、エリザベスのイメージやそのイメージメーカーが認識させるところでは、そんなことはいっさい起こっていなかった。時はぴたりと止まっていた。女王はその即位の日と変わらないくらい、まだ若くて皺もなく、しなやかだった。こう言ってよければ、その堂々たる風格だけが、年月を経て増していたのである。

エリザベスの少女時代の肖像画の1枚は、弟エドワードへの贈り物だったと考えられており、16歳ごろのエリザベスが描かれている。いかにも才知に長けた印象で、何者にも隙を見せまいとするような、張りつめた顔つきをしている。[3] つやのあるショウガ色の髪を真ん中で分けていて（テューダー様式のヘッドドレスにいくぶん隠れてはいるが）、母親ゆずりの焦げ茶色の目をしている——娘のほうの目は、悲しげな警戒の色を帯びているけれど。アン・ブーリンはつややかなブルネットの髪をしていたが、明らかに赤毛の遺伝子を持っていたようだ。エリザベスの赤毛の父、ヘンリー8世は、ホリンシェッドの記述によると、〝晩年は肥え太っていた、つまり我々の言い方だと、〝ｂｏｕｒｌｙ〟だったらしい。これは〝体が大きい (burly)〟にあたるのだろうが、〝野卑な (boorish)〟とか〝向こう見ずな (boar-like)〟といった意味合いも感じられる——つまり、短気で、気まぐれで、きわめて危険な、あの『カンタベリー物語』の粉屋のように、赤い髪と剛毛によって本性を明示された存在だったのだ。この父が母のアンを斬首に処したうえ、エリザベスを嫡出子と認めなかったことを考えれば、エリザベスは父と似た外見ではいたくなかっただろうと思うかもしれないが、それはちがう。女王になったとたん、赤毛であることと、しばしばそれにともなう白い肌の両方が歓迎され、エリザベスはその対外的イメージをあえて選択した。ヘッドドレスが流行遅れになると、エリザベスの髪はほかのパーツと同じく、衆目に晒された――女王になった当初の、頭に張りつくような少年風の巻き毛は、ぴったりした腰丈の上着《ダブレット》に高い襟というエリザベス朝初期の男っぽいファッションによく似合っていた。そして、グロリアーナの持ち衣装がどんどん豪華になるにつれ、そのくるくるした巻き毛はファラオと見紛う高さに盛られるようになった（図16）。市井の人々はそんな髪型をしていなかった――同様に、透けた羽を広げたような高さ1フィートの襟で頭を目立たせることもなかった。彼らは女王ではないのだから、当然のことだ。ダイヤモンドや真珠をちりばめた、後年の絢爛な髪型のほとんどは、案にたがわず、かつらである。エリザベスがヘアドレッサーに半日髪をいじらせていたのでもないかぎり、常時そんな髪型をしている方法はかつらしかなかっただろうし、だいいち、それだけの宝石の重みを地毛で支えられたとは思えない[4]。

かつらを着けるのだから（80枚所有していたと言われる）、あらゆる髪色を自在に楽しめただろうに、エリザベスは赤を選んだ――あまり選ばれない色だが、現代までのどの時代よりも彼女の時代のイングランドで人気があったはずだ。赤い髪と白い肌は、言ってみればエリザベス1世のブランドであり、赤毛の遺伝子に恵まれなかった廷臣たちや、支配階級のファッションを真似てみたい多くの面々が、男性ならば顎ひげを赤に染め（エリザベスのお気に入りで、すばらしい肖像画を描いたエセックス伯爵のマーカス・ゲーラーツ・ザ・ヤンガーも、流行りの角形の顎ひげをアカギツネ色にしていた）、女性ならば女王と張り合うべく、ルバーブの汁のような庶民的な染料か、やや抵抗を覚える硫酸を使って髪の色を変えていたと思われる。エリザベスは一度、愛馬たちの尻尾をオレンジ色に染めたとまで言われている。[5] 肌を真っ白に見せるために、もちろん鉛白が用いられ、肌をサテンのように白く仕上げるのには申しぶんなかったが、どのくらい塗っておくにせよ健康に恐ろしい害があった。髪が抜け落ちたり肌が荒れたりするなかで、エリザベスの宮廷がその害を知らずにいたとは考えにくく、まず女官たちが頭痛や震えに見舞われ、鉛中毒で死に至った。けれどもエリザベスには、そうした化粧品がなんとしても必要だったのかもしれない。たいてい赤毛とともに肖像画に描かれる、この世のものらしからぬ月のような顔の白さを、エリザベスは生まれ持っていなかった可能性があるのだ。1557年に、ヴェネツィアの大使ジョヴァンニ・ミキエリが、次期女王は〝浅黒いがきれいな肌〟をしていると述べている。また、イタリアの外交官フランチェスコ・グラデニーゴも、1596年のエリザベスを〝肌に赤みがある〟と評している。おそらくはあのあからさまな高い襟にも、エリザベスはこだわりを持っていただろう。シェロフの『毛髪の百科事典』によると、エリザベスは、いとこの娘でライバルのスコットランド女王メアリー（1578年には、イングランドで軟禁状態となって11年目に入っていた）より自分のほうが髪が美しいか、肌が白いかどうか尋ねていたという。スコットランド女王のメアリーは、若かりし幸せなころに、フランスの王子フランソワ2世と結婚しており、1560年のフランスの画家フランソワ・クルーエによる印象的な肖像画には、実母と義父のフランス王アンリ2世の死去を受け、全身白の喪服に身を包んだ彼女が描かれている。その絵のメアリーは、服喪用のベールと同じくらい白い肌と、深みのある赤い髪をしている。ところが1587年に

44歳で処刑されるころには、メアリーもまたかつらに頼っていて、地毛は短く刈った白髪——その死を見届けたロバート・ウィンクフィールドの言葉を借りれば〝70歳の老人並みの白髪〟——になっていたことがわかっている。かつては姉妹王国の姉妹女王であったこのふたりが、互いの見た目をどれほど強く意識していたかは想像に難くない。

しかしなぜエリザベスは、率直に言って奇異な、維持するのも命がけのイメージを打ち出したのだろう？　その一因は、エリザベス自身の複雑な心理にある。彼女は父親に嫡出子と認めてもらえなかった——それゆえ、父親ゆずりの赤毛をことさらに誇示することは、父の嘘を責めるひとつの手立てだったのだ。母親は斬首されていて、エリザベス自身も異母姉のメアリーの治世に、母と同じ運命をたどりかけた。エリザベス1世の肖像画では、頭とその周囲、頭用の装身具に多大な注意が払われている——髪にあしらった宝石、イヤリング、首周りで言えば１５８０年代の有名な襞襟（頭を大皿に盛っているに近い〝洗礼者ヨハネの光輪〟スタイル）、そして１５９０年代の〝私を見よ〟と言いたげな巨大な立ち襟。

もうひとつの原因は、１５９９年にサー・ジョン・デイヴィーズが戴冠記念日を祝してエリザベスのために書いた仰々しく誇大な詩「アストレアへの賛歌　Hymn to Astraea」の数行にある。(6) デイヴィーズはあらゆる意味においてエリザベス朝の重鎮で、女王の前では汲めども尽きぬお世辞を並べた。

But——だがここにある色は、赤と白

Each——どの輪郭もどの比率も申しぶんなく
These——これらの輪郭、この赤さと白さ
Have——われらはなおも命と光を求める
A——ひとりの陛下と輝きを……

このように延々と続く。こうした賛歌が26あり、それぞれの賛歌の各行の頭文字が女王の名前のアクロスティック（各行頭の文字をつなげると語になる詩）を形作っている。ここで色に注目してほしい。デイヴィーズがエリザベス〝そのもの〟として選び出した色——赤と白——は、テューダー王朝の表象、テューダーローズの色であるばかりでなく、イングランドの（いまだ変わらぬ）守護聖人にして、ローマとの決裂後もその旗がイングランドで使われつづけていた唯一の聖人、聖ジョージの旗（白地に赤い十字）の色でもある。詩人エドマンド・スペンサーが１５９０年に書いた叙事詩『妖精の女王』（和田勇一、福田昇八訳／２００５年）でも、全篇を通して次々出てくるさまざまな異国の悪の化身たちと英雄レッドクロス・ナイトを区別するため、同じ〝血の赤の十字〟の徽章が用いられている。この詩をいま読むと、〝ナイツ・フー・セイ・ニ！〟（モンティ・パイソンによるアーサー王伝説のパロディ映画に登場する騎士たち）をついつい思い浮かべてしまうが、それはともかく、エリザベス朝イングランドの外国人嫌いを見事に描きこんだ作品ではある。この赤と白（白がヴァージン・クイーンを表す処女性の色であることも忘れてはならない）による女王のロイヤル・ブランディング、その壮大なイメージ作りは、久しく失われていた、君主と、象徴と、ばらばらの秩序が一線上に並んだ状態を作り出した。皮肉

なことに、エリザベスの後年の肖像画では、いくつかの稀な例外はあるが、実物をモデルにして描かれたのは豪華な衣装や宝石だけであったと思われる――象牙色の肌と赤い髪は、大量生産された、今日でもすぐに見分けられる図像に等しいのだ。〝エリザベス1世〟ブランドはそういった意味で、歴史上最も息が長く成功したブランドのひとつである。

人生の終盤に差しかかり、〝時を驚かせた女性〟とサー・ウォルター・ローリーに辛辣に評されたころ、エリザベスは昔のように高さはあるが色が薄くなったかつらで、自身の定則を変えたようだ。ドイツの弁護士ポール・ヘンツナーは1598年のグリニッジで、〝女王の髪の色はオーバーンだが、地毛ではない〟と述べている。このときヘンツナーは〝オーバーン〟という言葉を、本来の〝茶色がかった白〟という意味で使ったと思われる。それはのちに、いとも手軽かつ親しみやすい感じで、赤色がかったどんな髪にも便利に使える言葉として受け入れられるようになる。ラテン語のアルブス、すなわち〝白い〟に由来するその言葉は、1430年ごろに初めて英語に入ってきた。その意味が変わったのは17世紀になってからで、白よりも茶色に近い色を指すのが普通になった。それ以来ずっと、オーバーンは赤毛の品のいい別称であったが、ヘンツナーの意図した色はおそらく、1601年のロバート・ピークによる《女王の行列》の絵に描かれたものだろう（図17）。70歳の血色の悪い肌と、赤いかつらとの対比がきつく見えてくるに至って、ただちに髪色を薄くしたのかもしれない。エリザベスは自分の髪や肌の色を知りつくしていた。現代でも、ワードローブにどんな色を取り入れるべきか知りたい赤毛の人は、何はなくともエリザベスの肖像画を眺めるといい。

さて、『年代記』が作られたのは、イングランド人であることが国籍以上の意味を持っていた時代のことだ。それは、イングランド人男性の（または女性の）言語だけでなく、彼または彼女の信仰や態度や価値観をも司る、曖昧だが尊重すべき一連の資質を表していた。エリザベス朝イングランドの自覚、あるいは信念のすべてが、そこには含まれている。言ってみれば、テューダー王家の胸に押し当てられた聴診器だ。教皇には我々みなを破門させればいい（エリザベス自身も1570年に破門されている）、我々は心得ている――いわゆる国王至上法には、そう呼ばれるだけの価値があるのだと。[7] 災いをもたらすマグダラのマリアや、ローマ教皇や、ローマ教会はもういなかった。そして万国史を収録するはずだった著作もまた、雨の多いひとつの島の描写で終わらせず、その国民を喜ばせるべく一巻すべてをイングランドに割いただけの価値はあったのだ。ここでもまた、ホリンシェッドは時代の趨勢をとらえた――『年代記』の一連の物語は、（当時の）現在に向かって進んでいく。エリザベス1世の象徴するハッピーエンド、〝完璧な君主制〟に向かって――つまり、この平和なひとときが、この小さな地上の楽園が、海外の敵やもっと近くの敵に壊されることさえなければ。

ホリンシェッドが『年代記』のスコットランドの章をまかせた執筆陣のひとりに、ウィリアム・ハリスンがいた。ハリスンの人生は、この時代のイングランド人につきまとった変動の縮図だった。1534年に生まれ、プロテスタントとして育てられたハリスンは、メアリー1世の治世のあいだ、オックスフォードの学生だったころにカトリックに改宗した。そしてメアリー1世の死の直前にまたプロテスタントに戻り、1559年には聖職者として暮らしを立てるほど正統な国教徒になっていた。ハリスンは、まるで読者と会話しているかのように、繊細に文章を綴っている。スコットランドに関しては、〝互いのために団結すべき〟（「団結すれば持ちこたえ、分裂すれば倒れる」ということわざにからめて）だと彼は考えていた。

ブリタニアの諸王国が団結して生きていたころのような思いやりを天から与えられたなら、あるいはどうにかしてひとりの王子の支配下に置かれたなら、ほどなくその和親の恩恵を感じるはずだ――つまり、外国の物をいっさい買わずに自給自足していけるうえに、外部からの侵略をすべて、小さな骨折りと少ない損害で阻止することもできるだろうに……(8)

ハリスンは、トラキアの情勢を嘆くヘロドトスのような書き方をしているが、それも驚くにはあたらない。ギリシアにとってのトラキアがそうだったように、イングランドにとってのスコットランドとアイルランドは〝異分子〟だった。おまけに、さらなる侵略の恐怖もある。ハリスンには残念なことに、スコットランドがイングランドの最も近い隣人として何かを期待されることはほとんどなかった。彼に言わせると、スコットランド人の不変の特徴は、大酒飲みだということだ。酒さえ入っていなければ〝勇敢でたくましい……〟とハリスンも書いてはいるが、〝彼らは無節制にワインを飲むことをやめられず〟、その結果〝子供や若者だったころの彼らを知っていたとしても、歳とって老いた彼らを見て知り合いだとはわからない……むしろ醜い取り替え子や怪物のたぐいに見える〞。これは低地のスコットランド人の話だ。高地のスコットランド人はいくらかましで、〝繊細さに欠けるが、奇妙な血筋と同盟（後者はフランス人との同盟のことだろう）にそれほど毒されていない〞と書かれている。彼らは〝体格にやや難があり……観察力に長け、長く酒を断てる……大胆で敏捷、戦闘能力が高い〞――これらはみな、それから数世紀にわたってイングランドに支配されるなかでスコットランド人が大いに必要とし、大いに試された特質だろう。ただ、意外に思えるかもしれないが、ハリスンは髪の色を根拠にスコットランド人を酷評することだけはしていない。

それどころか、『年代記』ではどんな種類の集団も個人も、外見についてはほとんど説明されていないのだ。ウィリアム・ルーファスは、その性格の目立った特徴とともに〝ウィリアム・ザ・レッド〞と記されているし、1171年にアイルランドを侵攻したイングランド王のヘンリー2世は、後世のためにその〝赤さ〞（赤毛と赤らんだ肌は、戦争好きの王にいかにも似つかわしいからか）を特記されているが、そのふたりのほかにはあまり見あたらない。ブーディカに関する記述ももっとありそうなものだが、『年代記』は、〝国民を前にした女王〞然とした印象――〝その並外れて背の高い人物、端整な輪郭、厳格な顔つき、鋭い声……凜々しく華麗な装いもまた人々に大きな畏敬の念を抱かせる〞――を読者に与えながらも、〝その長く垂れた黄色い髪は腿《もも》まで届いている〞と、ブーディカを金髪にしている。翻訳の問題かもしれないし、政治的判断を超えた意図があるのでは、と勘繰る人もいるかもしれない。だが王位に就いた赤毛の女王が実在する以上、出版人としては、信用ならない野蛮人の、もっと言えば、侵略軍に屈して命を落とした女首長の特徴たる髪色をそのまま記すわけにはいかなかったのだろう。ただ、第3の可能性もある。証拠に乏しく状況に基づくところが大きいけれど、興味をそそるものだ。すなわち、16世紀のスコットランドに今日ほど赤毛の人がいなかった可能性である。

ヴァイキングの髪や肌の色に関する先述の意見の持ち主、ジョン・マンローは、1899年にスコットランド人についてもこう書いている。〝肌の色は非常に濃い者から非常に薄い者まで幅広く、赤毛はごく少数、別々の土地に、おおよそ4～5％の割合で見られる。言い換えれば、イングランドよりはやや多いぐらいだ〟。つまり、今日のスコットランドで見られる赤毛の推定比率、人口の13％よりかなり少ないのだ。この記述からはむしろ、赤毛の絶滅というあのうんざりする風説がどれもでたらめであることがわかる。1911年には、アイルランド人記者のT・W・ロールストンが、著書『ケルト族の神話と伝説 *Myths and Legends of the Celtic Race*』のなかでこう書いている――〝ケルト語を話す人々のあいだで赤毛が増えていることは、私には驚くべき傾向に思える……100人のうち11人が紛れもなく赤毛なのだ〟。これはまた、アイルランドの現在の赤毛の割合が、過去100年間で1％も減っていないということも示している。

おそらく16世紀のアイルランドの赤毛の人の数も、今日よりは少なかっただろう。リチャード・スタニハースト（1578年12月に女王の枢密院との気がかりな面談を控えていた『年代記』寄稿者）は、アイルランド人についてこのように記している。まず彼は、アイルランド人はスペイン人を〝最強の祖先〟に持っているから、大多数が生まれながらの裏切り者なのだと非難している。さらに、アイルランド人は見苦しく、獣のように暮らし、英語を崩す――本人の印象的な言いまわしによると、英語と自分たちの言葉を〝混ぜこぜ《ミングル・マングル》〟にする――ので、彼らと共生する羽目になったイングランド人は、絶えず警戒していないと慣習や倫理まで混ぜこぜにされてしまう、と言っている[9]（詩人のエドマンド・スペンサーは、なお不愉快なことに、アイルランド人の乳母を雇わないよう呼びかけている。その母乳を吸った赤ん坊が野蛮になりかねないとでも言うように）。スタニハーストの記述はこう続く――アイルランド人は〝迷信深く、あけっぴろげで、好色で、怒りっぽい……すばらしく愉快で、多くは魔術師で、優れた馬の乗り手で、戦闘を楽しむ……男たちは皮を剝いだ丸太のようで、上背があり、女たちは器量がよく、縮れてふさふさした長い髪を自慢にしている〟。けれどもその髪の色が赤だという言及はない。スタニハーストは何を語るべきかをわきまえているべきだった。エドマンド・スペンサーと同じく、彼はアイルランドに住むイングランド人で、自身を含む多くの者の先祖はイングランドかスコットランドから渡ってきてダブリン周辺の土地を占領し、愚かな帝国主義の足場を築いたが、400年後のウェストバンク（1967年にイスラエルが占領したヨルダン川西岸地区）でもそうだったように、アイルランドでは機能しなかった。アイルランドにおけるイングランドの外交政策はひどいもので、何世紀もその状態が続いた。枢密院がそれについて神経を尖らせたのも無理はない。〝このような形で公表されるにはそぐわない問題〟が〝虚偽の記録〟だらけの書物に記され物議を醸していることを、彼らが激しく非難したのは当然のことだった。スタニハーストはあらゆることを気の向くままに書き記したのではないかと疑う向きもある。

それとも、私たちが単に視点を変えて、エリザベス朝の人々がそうしたように『年代記』を読むべきなのだろうか。赤毛についてはあまりページが割かれていないようだが、スキタイ人とその〝赤い髪〟のことはたしかに載っている。下記はブリタニアの最初の住人に関する『年代記』の記述である。

スキタイ人の子孫で、土地と習慣の両面でゴート人に近い血族と見られるピクト人という民がこの地を侵略した。やや残忍な者たちで、戦闘に取り憑かれている。この民は……放浪者のように大洋に入ってきて、アイルランドの海岸に流れ着き、住民としての新たな席をスコットランド人に要求した——(一説には)やはりスキタイ人の子孫であったスコットランド人は、当時アイルランドに住んでおり……

そして下記が、エリザベス朝の人々の認識していたスキタイ人像だ。これは、『マクベス』と並ぶ『年代記』の偉大な遺産と言っていい『リア王』(シェイクスピア/安西徹雄訳/光文社/2006年)からの引用である。

蛮族のスキタイ人は
親子の間柄でも互いの肉を食らい、
己の食欲を満たすというが、そやつをこの胸に抱き寄せ、
憐れみ、安心させてやるほうがまだましだ、

かつて娘であったおまえにそうするよりも

ここで、またしても軽率に過ぎるエドマンド・スペンサーの言葉を引こう――〝私の考えではアイルランド人は〝スキタイ人だ〟と彼は書いている。アイルランド人は〝キリスト教世界でもとりわけ野蛮な民族〟で、スペイン人の血は（そう、アイルランド人の祖先はスキタイ人と接点を持っていた）〝あれこれ混じっていて、出自がはっきりせず、卑しいことこのうえない〟とし、スコットランド人については、アイルランド人と〝なんのちがいもない〟としている。[10] ジョン・マンローが広めたアイルランド人とスコットランド人とスキタイ人にまつわる同様の戯言は、300年後のいま読んでも頭を抱えたくなる。赤毛の人の神出鬼没ぶりを説明しようと躍起になっていたマンローは、最初にアイルランドに住み着いてやがて離れたスキタイからの移民が、ちょうど216年後にトラキアに住み着いたのち、またアイルランドに戻り、その後スコットランドにも住み着いたものと決めこんだ。マンローに関しては思考力もあまり信用しないほうがいいようだ。

この時代、赤毛がよく言われる野蛮さとではなく、いずれかの民族と関連づけられていたのかどうかはさておき、スコットランド人とアイルランド人がイングランド人から誹謗中傷を受けていたことには疑いの余地がない。エドマンド・スペンサーなら、アイルランドのすべて――言語、文化、習慣、人々――から、アイルランド人の存在を消し去ったことだろう。『年代記』は、除け者という彼らの立場を正式に記す役割を果たし、ケルト族の赤毛の人もまた、そうした態度が受け継がれるなかで苦しんだ。赤毛の女王がひとりいたところで、その不均衡は正せなかった。〝征服は、3つのものを同時に得てこそ征服と言える——すなわち、法と、衣服と、言語を〟というのがスタニハーストの考えだったが、アイルランドやスコットランドは、いかなる征服・同盟関係においても、イングランドからそうしたものを得ていない。何世紀ものあいだ蔑まれてきたスコットランドとアイルランドがイングランドとの関係から得たものは、古代世界にかぎらず新世界でも、引きつづき赤毛の歴史の一部になった。スタニハーストはといえば、枢密院との面談をどうにか切り抜けたが終わるとただちに国を出て、二度と戻らなかった。数年後、彼はスペイン王フェリペ2世のエスコリアル宮にある錬金術研究所に勤めていた。この王は1588年、イングランドに無敵艦隊《アルマダ》を差し向けることになる。スタニハーストは果たして、アイルランドの蛮族とスペインとの結びつきに関する持論をこの王に披露したのだろうか。彼はスペイン領ネーデルラントのオーストリア大公、アルブレヒト7世付きのカトリック司祭として晩年を終えた。

一方、ホリンシェッドは気の毒にも、枢密院を激怒させたすべてのページを『年代記』から根気よく削除したのち、故郷へ退いて2年後に亡くなった。

1616年のシェイクスピアの死後まもなく、『マクベス』（安西徹雄訳／光文社／2008年）が、ほぼ同時代の劇作家トマス・ミドルトンによって改訂された。ミドルトンが加筆したなかに「黒い妖精」という歌があるが、これは1615年発表の自著『魔女 *The Witch*』から持ってきたようだ。そのころには、スコットランド王ジェイムズ6世（スコットランド女王メアリーの息子）がジェイムズ1世としてイングランドの王位にも就いており、この王は魔術に心酔していることで知られていた。[11] 黒魔術はさしずめ、当時のニュー・ブラック（季節ごとの流行色の意）だった。

ミドルトンがシェイクスピアの『マクベス』に挿入した行には、映画『アダムス・ファミリー』（1991年）を彷彿させる成分がずらりと含まれている——コウモリの血、ヒョウの骨、ヒキガエルの分泌液、毒ヘビの脂、そして〝赤毛の娘を3オンス〟。学者の見解によると、ここでいう赤毛は、淫らな行為、またはユダヤ人であることとユダヤ人の反キリスト的な儀式、または毒のある物質、またはその3つすべてを暗に示すものと読むべきらしい。[12] とはいえこれは『マクベス』であり、スコットランドが舞台の劇だ。赤毛によって、珍しい地方色を少々添えただけかもしれない。あるいは、赤毛に対するもうひとつの古くからの偏見——魔術や超自然現象にいくらか通じているというもの——をからかっているのかもしれない。

今日、赤毛のリリスという人物は、バビロニアの荒れ野を捨てて、伝説とポルノグラフィのはざまの寂れた僻地に生きているが、もともとはストリゲス——古代ギリシアの吸血鬼に似た悪魔——との融合体で、ベビーベッドのなかの幼子を殺し、寝入っている男を誘惑した。夢精はリリスのしわざで、その餌食を性的不能に陥らせたり、ペニスを消失させたりもした（現代のアフリカではいまだに、妖術使いと疑われた者がそのそしりを受ける）。性的捕食者たる女性はいつの世も人を恐れさせ、同等に刺激してきたが、魔女は、少なくとも芸術やポップカルチャーにおいては、いつの世も人を魅了してきた。その現実はというと、少々話がちがってくる。

妖術と魔女狩りについての近代の手引き書と言えるのが、ザルツブルグ大司教のハインリヒ・

クラーマーが、もうひとりのドイツ人聖職者ヤーコブ・シュプレンガー（広報宣伝係のような立場）の助力を得て１４８６年に発表した『魔女の鉄槌　*Malleus Maleficarum*』である。この２人は、21世紀のアレイスター・クロウリーとモンタギュー・サマーズでさえ見劣りするほどのはったり屋だった。言われてみれば納得だが、この作品を英語に翻訳したのがサマーズである。彼のおかげで、『魔女の鉄槌』の英語版 *Hammer of Witches* は、赤毛で緑の目をした若くて色気のある女性が連行され火刑に処される話の典拠として、いまもせっせと引用されている。しかしその翻訳を読むと、というか我慢して目を通すと、それは髪色に関係なくすべての女性を同等に蔑視した、容赦ないミソジニーの著作だとわかる。いわく、魔女というのは肉欲に突き動かされる者で、魔女になりやすいのは不貞や姦淫を犯す女、もしくは妾であり、悪魔の注意を不要に引きやすいのは〝美しい髪を持つ女性や娘で、髪の手入れや装飾にうつつを抜かしたり、髪を自慢げに見せびらかしたりするせいである〟という。たしかに赤毛である必要はない。

現実に魔女狩りに遭った女性は、ほぼまちがいなく、白髪交じりか完全な白髪《はくはつ》だったと思われる。魅力的な若い女性は、その時代の美術作品、特にハンス・バルドゥング・グリーンの絵のモデルとして、魔女になりきっていたのだろう。１４９２年の『フランス大年代記　*Grandes Chroniques de France*』にも、７００年前にフランク族の王たちが燃えるような赤毛の女たちを魔女として火あぶりにしたことが記されているが、16世紀と17世紀のヨーロッパにおける大がかりな魔女狩りにおいて、妖術を使った罪で火刑か絞首刑に処されることになったのは、貧しく、若くもなく、夫に先立たれ、身寄りのない女たちがほとんどだった[13]。このことは当時でさえ公知の事実だった。勇敢にもそれを裏づけようとしたレジナルド・スコット（1538年ごろ〜99年）は、著書『魔女の発見　*Discoverie of Witchcraft*』（1584年）にこう記している——〝魔女と呼ばれるたぐいの者は、たいてい老齢で、足が不自由で、目がかすんでいて、血色が悪く、不潔で、皺だらけで、貧しく、無愛想で、迷信深いかカトリック教徒か無宗教の女性たちで、その鈍化した心に悪魔が特等席を見出したのである〟

ヨーロッパの魔女狩りの犠牲となった赤毛の美女たちは、私たちの想像のなかにのみ存在し、彼女らの姿を思い描くことで、私たちはみずから誘惑されているのだ——異質性と超俗性、赤毛と超自然の力、赤毛と抗いがたい官能的な状況との結びつきによって。たとえば、スティーヴン・キング原作『トウモロコシ畑の子供たち』の映画化作品『チルドレン・オブ・ザ・コーン』（1984年）の赤毛のマラカイがいるし、『ゲーム・オブ・スローンズ』の〝赤の女〟、妖術師メリサンドルもいる。そして『ラスト・ウィッチ・ハンター』（2015年）のキャスティング責任者は、この映画が製作に入ると同時に、白い肌をした赤毛の女優を募集した。[14]どれも紛らわしいことこのうえない。

あるいは、オバディア・ウォーカーの言うように、〝どんな人間も自分の同胞をけなし、兄弟を嘲笑うことでその高慢な気質を満足させる〟のか。オバディア・ウォーカーは1676年から1689年までオックスフォードのユニバーシティ・カレッジの学寮長を務めたが、おそらくいまも、彼の憂鬱な亡霊がそこを徘徊している。カトリック信仰を捨てることを拒んだためにその地位を追われたウォーカーは、同輩の多くより差別の構造についてはよく知っていた。1659年の著書『ペリアンマ・エピデミオン、あるいは、実際に咎められた卑俗な誤り *Periamma Epidemion, or, Vulgar Errours in Practice Censured*』に、オバディアはこう記している――〝よく耳にするけれど根拠のない中傷――すなわち、赤毛の人間をあしざまに言ったり、軽蔑したりするのはひとえに、生来その色をした、頭から生えるもののせいである〟。頭から生えるものとは髪のことだが、よくよく考えるとその言いまわしは、私たちの頭のなかに歴史が刻みつけた強い偏見にも置き換えられそうだ。〝人が己の偏見でみずからの目を覆うことがなくなればいいのだが〟と彼は述べている。しかし人はいまだにそれをしている。赤毛を野蛮さのしるしと見ることに関しては、それこそ全世界で。

とは言うものの……〝異分子〟が抵抗すると、それはそれで注意を引く。私たちのなかには、目立ちたいという矛盾した願望が常にある。灰色以外のどんな髪色もはなはだしく流行遅れとされ、だれもがかつらを着け、どんなかつらも粉をまぶした刈りこみ庭木《トピアリー》のようだった18世紀でさえそうだった。1782年のあるとき、日記作家のジョン・クロージャーがこんなことを記している――〝赤毛はたいがい忌み嫌われているにもかかわらず、その見た目がひとたびもてはやされて流行となるや、美男美女がこぞって赤い髪粉を使いだした[15]〟。赤毛の流行は西洋にかぎったものでもない。1780年代のロンドンでの赤髪ブームに酷似したものが、20世紀末の日本で起こった。日本人はそれまで何世紀にもわたって赤毛をけなしてきたというのに。

1543年に最初の西洋人が日本に足を踏み入れたとき（奇しくもそれは、メアリー・ステュアートが生後9カ月でスコットランド女王の王冠を戴いた年だ）、日本人は唖然とした。手づかみでものを食べ、子供並みの自制心しか持たない、無作法な野生児を思わせるその生き物は、礼儀正しく上品な日本人によってたちまち、サルや怪物、伝説上の全身毛むくじゃらの原始的な未開人といったものにたとえられ、実物の外見は伝えられないまま、〝赤毛の蛮族〟というレッテルのもとに一緒くたにされてしまった。日本では見かけない黒以外の体毛と頭髪は、何世紀ものあいだ、ひときわ目立つよそ者の象徴となっていた[16]。ところが、一部のアジア社会で紅毛《アンモ》、すなわち〝赤毛のサル〟という言葉が外国人に対する蔑称としてまだ盛んに使われていた1990年代、日本のティーンエイジャーが髪をあらゆる色合いの赤や茶に染めはじめた。

この〝チャパツ〟――茶色の髪――の流行は、国民的論争となった。国会で質疑がおこなわれた。学校は〝髪警察〟を発足させ、生まれつき髪が茶色いかくせ毛の生徒までが、生まれつき髪が黒くない／直毛でないという証明を求められるケースが出てきた[17]。日本の社会は保守的で均一性が高いため、ティーンエイジャーの流行のいくつかは、結果として度が過ぎているように見えがちだ（茶髪にともなう流行として、多くのティーンエイジャーが、涙を模したキラキラのシールを頬に貼りつけた）。けれども人はみな、だれかにとっての蛮族なのだ。1930年代には、日本人の毛深さが、中国発の反日プロパガンダの主材料となった。アルフ・ヒルテベイテル教授の言うように、〝髪についてはどんなこともこれが普通とは言えない。髪はあらゆることの誘因になるが、なんの誘因になるにせよ、同じように説明がつくことはない。むしろもっぱら、ほかの何かを説明するための別の手段になっているようだ〟。女王であれ庶民であれ、私たちはみな、だれよりも目立つ尾羽を振ってみせたいのである。

第5章　美女たちと罪人たち

赤毛についての真実は、ほかの多くの真実と同様、クルミ、それもたいていは堅いやつのなかにじっと隠れていて、人々はクルミ割りを必要なだけ持っていたためしがない。

『赤毛の悟り』（1890年）

ロンドンのセント・ポール大聖堂の周辺は、いまでも過去を呼び起こすことのできる、この街でも数少ない地域のひとつだ。目を閉じて、往来の音を閉め出し、クラクションを鳴らすタクシーの代わりに、荷馬車の御者の怒号を、木の車輪の甲高いきしみを、蹄の軽やかな音を想像してみてほしい。果てしない人波――清潔の度合いはやや劣るにせよ、おそらくは今日同じ通りに群がる人々とそう変わらない――が奏でる、果てしない音色を。昔からある通りは、そこに集まるロンドン市民の幻影と、彼らの営みをその名称にとどめている――ピルグリム・レーン（巡礼者通り）、アイアンマンガー・レーン（金物屋通り）、ライムバーナー・レーン（石灰焼成者通り）、オールド・ジューリー（旧ユダヤ人街）。セント・ポール大聖堂に至るワトリング・ストリートを、古代にはローマの軍団兵が、やがてブーディカの荒ぶる軍隊が進み、すぐそばのチープサイドから脇道に入ると、ピッシング・アレイ（小便横丁）だの、その上を行くグロープカント・レーン（女陰いじり通り）だのというあけすけな名称がかつては散見されたが、時代は変わり、それらは改称を余儀なくされた（まったく同じ行為がおこなわれていたはずだが、いくらか無難なラブ・レーンは、その名のまま残っている）。パタノスター・スクエア（主の祈りの広場）、アーメン・コーナー、アヴェ・マリア・レーンは、宗教を問わず、この地域での信仰と崇拝の永続を称えていて、北へ延びるアヴェ・マリア・レーンは、ニューゲート・ストリートと交わるところでウォーリック・レーンと名称を変える。

1865年にウォーリック・レーンにあったある家に、アリス・ワイルディングという16歳ぐらいの少女が住んでいた。アリスは婦人服の仕立屋として生計を立てていた（というより、祖母と2人のおじと少なくともひとりの幼児という世帯の家計を助けていた）。そしてひそかに、あらゆる時代や階級の娘の多くがそうするように、彼女も舞台に立つことを夢見ていた。とはいえ、アリスは空想ばかりしているうぶな少女ではなかった。その年の初めのある夜、どう見ても自分より身分の高い、短軀でずんぐりした禿げ頭の中年男が、最初はじろじろとこちらを見つめ、そのままストランド街までつけてくるのに気づき、自分としてはうまくその経験を切り抜けた。おそらく、彼女の身にそういうことが起こったのはそれが最初ではなかっただろう。アリスは、意志の強さと女らしさが同居した顔立ちをしていて、猫のような目と乳白色の肌、そして何よりすばらしい、赤銅色《コッパー》とマリーゴールドの中間の色合いをした赤毛の持ち主だった。男は画家のダンテ・ゲイブリエル・ロセッティだと名乗り、アトリエ助手が書き留めたその対面の記録によると、続けてこう説明した――〝君の顔は、いま描いている作品の主題にまさしくうってつけだ〟と。そしてアリスに、翌日チェルシーのチェイニー・ウォークにあるアトリエに来てモデルをしてもらえないかと頼みこみ、報酬を支払うことを約束した。アリスが状況を呑みこみ、承諾してくれたことに満足すると、ロセッティは歩み去った。翌日、〝ロセッティは、アリスを迎え入れて《祝福された乙女》という作品のためにその顔と髪をじっくり見据える準備を万端に整えた。パレットに絵の具を出し、カンヴァスをイーゼルに立て、すぐにも描きはじめられる状態に……〟

アリスは画家に待ちぼうけを食わせた。当然のことだ。〝絵描きのアトリエ〟などに出向いて、たぶん有名でもない男性とふたりきりの空間でポーズをとる？　正気の頼みとは思えない。

しかし、私たちにとっては幸運なことに、アトリエでのその無為な一日のあとにもまだ話は続く。

19世紀の画家の人生に起こった顕著な変化といえば、画家の名前が、また場合によっては、その画家のミューズと言うべきモデルの詳しい経歴が世に知られはじめたことである。１８７８年から１８９６年まで王立芸術院の院長を務め、おそらくその時代の英国随一の、最も成功した画家であったサー・フレデリック・レイトンは、プランという一家の姉妹全員に、自身と画家仲間のモデルをさせていた。ロセッティも、初期にはリジー（エリザベス）・シダルを、後年にはファニー・コーンフォースとアリス（アレクサ）・ワイルディングをモデルとして雇っている。こうした女性たちのほとんどは労働者階級の出で、〝雇い主の〟画家とは、協力関係にあると同時に、社会的・経済的に依存した関係にあった。画家のアトリエの外では彼女らの多くが、なかでも裸婦モデルをしている者はみな、娼婦よりはいくらかましという目で見られていた（ロセッティ家の住みこみの家政婦となり、露骨な洒落と労働者階級まる出しの態度で彼の家族や友人を生涯ぴりぴりさせたファニー・コーンフォースは、一時期ほんとうに街娼をしていた可能性が高い）。

こうした若い女性たちは、画家のアトリエでしていることの実態をあの手この手でごまかしていた。たとえばエイダ・プランは、１８８１年の国勢調査で自身を〝美術学生〟に分類している。19世紀後半には、女性が美術の世界で仕事を持つことがおおむね実現可能となり、生まれが裕福でなくてもある程度金銭的に困らない生活をし、過去には異例とされていたような形で自分の人生を切り拓き、愛人同然ではなく敬意を払われる画壇での地位を交渉できるようになった。それをやってのけたひとりが、ジョアンナ・ヒファーナンというアイルランド人女性で、やはり16歳だった１８６０年に、ロンドンのラスボーン・プレイスのアトリエで、ジェイムズ・アボット・マクニール・ホイッスラーというアメリカ人画家と出会っている。ホイッスラーとの関係は6年間続き、恋人としての関係を解消したのちも、彼の婚外子の親代わりをし、１８６２年の《白のシンフォニー、第1番》（図18）や、１８６４〜5年の《白のシンフォニー、第2番》を含む、革新的かつ洗練されたホイッスラーの代表作にインスピレーションを与えた。どちらの絵も、彼女の白い肌、情感あふれる目、造りが大きめの顔立ちと暗い赤色の髪を美しく際立たせていて、その髪についてはホイッスラー自身が〝金色ならぬ赤銅色の髪――夢のようにヴェネツィア的だ〟と興奮ぎみに述べている。[1] ホイッスラーの伝記を著したジョゼフ・ペンネルの記述によると、ジョアンナは美しいだけでなく聡明で思いやりがあったという。そして、独自の舵取りで世のなかを渡っていく女性でもあった。彼女は因襲にとらわれず（道徳の面で）、思い切りがよく（美術モデルとして）、そうした気質を世間は嬉々として赤毛のせいだと考えるため、ジョアンナは彼女の〝肖像〟とされる有名作品で、美術史に残る特殊な役割を持たされ、何十年もそのしがらみを断てなかった。しかし問題の作品のモデルが赤毛のジョアンナであったとは、単純に言って考えられないのだ。

きっかけはパリ行きだった。その地で2作目の《白のシンフォニー》のモデルをするかたわら、ジョアンナ、愛称ジョーは、フランス人画家のギュスターヴ・クールベと出会う。1865～6年に、クールベは《美しきアイルランド女》と題したジョーの肖像画を描いた。鏡を見ながら、もつれた髪に手櫛を通す姿のクローズアップで、ホイッスラーを魅了した繊細な美貌を、クールベ流にのっぺりと肉づきよく表現している。クールベと関係を持ちはじめた1866年、彼の《眠り》という作品で、ジョーはもうひとりの女性と2人でモデルを務めた（図19）。19世紀中に一度しかなかったらしい1872年の一般向け展示の折、警察に通報されかけたというその絵では、愛を交わしたあと恋人どうしがまどろんでいるという構図で、黒っぽい髪の女と赤毛のジョーがベッドの上で裸体をからめ合っている。女性の同性愛を描いた草分け的作品と称賛されることもあったが、異性愛者の男性が妄想する女性どうしの性行為と言ったほうが正確だ。眠りこんでいるとされる2人の体勢は不自然で（モデル経験者として言わせてもらうと、とんでもなくつらそうにも見える）、ジョーの頭はしっかり支えられていないようだし、その顔つきからすると、難しいポーズを保つのにひたすら集中していて、気怠い余韻に浸るどころではなさそうだ。官能絵画の多くと同様、その作品の評価が年々高まることはおそらくなかった。けれどもその絵は、自由奔放なジョーと、クールベのエロチックな作品とのつながりを確実に作り出し、それは今日に至るまで続いている。

クールベは1866年にも悪評高い官能絵画を発表していて、これは《世界の起源》という題名で知られている。ご存じないかたのために説明すると、クールベの〝世界の起源〟とは、予想はつくかもしれないが、画家がモデルの寝そべった長椅子の足もとにイーゼルを置き、スリップを胸までまくりあげて脚を広げるよう頼んだとして、その状態でむき出しになっている部位のことである。ロンドンのセント・ポール大聖堂には、そこに足を踏み入れた古今の放浪者の多くが目にしたであろうアングロサクソン人の作品（ジェイムズ・ソーンヒルによるドームの壁画のことか）があるが、こちらのほうがよほど見事にその主題を表現していそうだ。クールベの《世界の起源》では、頭、腕、下腿を含むほかの部位すべてが枠外にはみ出している。この絵を注文したのは、《眠り》の所有者でもあるハリル・ベイというオスマントルコの外交官で、官能美術愛好家のなかでも第一級のスケベ親父を名乗れそうな人物だが、この作品は今日でもなお、見る者の度肝を抜く。とはいえ、そのモデルがジョーであった可能性はひとつもない――いくら彼女が、そのイメージどおり社会の道徳観に縛られず、赤毛ゆえの性的な重荷をまちがいなく負わされていたにしてもだ。《世界の起源》のモデルの恥毛は、ほぼ黒に近い濃色である。赤毛の女性の恥毛は、当然ながら赤毛だ。実際、《眠り》

を見ると、もうひとりのモデルの片脚の上に、ジョー自身の恥毛らしき金色の小さな三角形が覗いている。ジョーのコッパーがかった巻き毛のかたわらでブルネットの髪を枕に広げているその無名のモデルは、最近発見された別の絵にも見られるくっきりした目鼻立ちをしている。その別の絵に頭部だけ描かれた女性は、口を半開きにし、黒っぽい髪を後ろに流して、《世界の起源》の欠けていた上半分であることをにおわせている。はたまた、あとで発見された絵がもとの絵となんの関係もない可能性もあるにはある。いずれにしても、それはジョアンナ・ヒファーナンではないのである。

1865年のストランド街に話を戻すと、ロセッティのアトリエ助手、ヘンリー・トレフリー・ダンが、ロセッティをすっぽかした赤毛の娘の話の続きを書いている。

数日が過ぎ、数週間が過ぎて、彼（ロセッティ）はあの若い娘と再会するのをすっかりあきらめ、その絵を描くことさえやめてしまったが、ある午後（元美術商のチャールズ・オーガスタス・）ハウエルとともにストランド街の同じ界隈を通りかかり、また彼女の姿を見かけた。そのとき彼は2輪の辻馬車に乗ってハウエルに今後の予定を話していたが、横丁で止まらせて馬車をおりるや、必死に走って娘を追いかけ、とうとうつかまえた。そして先日の約束を彼女に思い出させ、姿を見せてくれなくてどんなにがっかりしたかを伝えたすえに、これから馬車で一緒にチェイニー・ウォークに来るよう口説き落とした。(2)

なぜアリスの気が変わったのかとお思いだろう。二度目の対面なので、初回ほど警戒感がなかったのかもしれない。これは〝運命〟だと思えてきたのかもしれない。そのときにはロセッティが名のある画家だと知っていたのかもしれない。これを活かすためでないならなぜこの顔と髪で生まれてきたのかと、鏡の前で延々と悩んだりもしたのかもしれない。ロセッティの場合、彼女に固執する理由はもっと単純だ――彼は、作家のエリザベス・ギャスケルの言葉を借りれば、〝髪フェチ〟だった。

　赤みがかった茶色で細かく波打った理想の髪を見かけると、彼は一瞬で心奪われ、その髪の持ち主とどうにか近づきになろうとするのだ……[3]

　こうしてロセッティは、〝赤毛に目がない〟の古典的一例として不朽の名声を得る。それにしても、ロセッティとその妄執はさておき、なぜラファエル前派の絵にはこれほど赤毛が多いのだろう。ラファエル前派という言葉は、19世紀後半に出てきた〝ティツィアーノ（ティツィアーノが好んで描いた金色を帯びた赤毛）〟のように、赤毛の実質上の同義語となっている。赤い髪はフレデリック・サンズの作品に見られる。その輝かしい赤毛のパートナー、女優のメアリー・エマ・ジョーンズは、１８５９年ごろの《マグダラのマリア》を初めとして、《パーディタ》《高慢なメイジー》《トロイのヘレン》など、サンズの生涯を通して数かぎりない赤毛の象徴的人物に扮した。アーサー・ヒューズは、愛妻のトライフィーナ・フォードに《4月の恋》（1855～6年）と《ロング・エンゲージメント》（1854～9年）のモデルをさせている。いずれの作品にも不幸せな恋人たちが描かれ、トライフィーナの透けるような肌と赤みを帯びたつややかな金髪が印象的に用いられている。ヘンリー・ウォリスは、若くして自殺を遂げた18世紀の詩人トマス・チャタートンを描いた。屋根裏部屋の死の床の、生気のない手のかたわらの床には、日の目を見ないまま破り裂かれた詩が散らばっている。チャタートンの鮮やかな赤毛は、冷たい灰色と緑色を基調とした絵のなかでひときわ目を引くが、おそらく画家は、その若者の感受性と熱い詩人魂の両方を伝えるべくその色を使ったのだろう。ラファエル前派のなかでも後期の画家、ジョン・コリアは1887年、シンボルのヘビを羽毛の巻き物のように全身にまとった、ひどく悩ましい赤毛の《リリス》を描き、1898年にはゴダイヴァ夫人を赤毛として描いている（その髪をもっと長く豊かにして裸身を隠したほうがいいという考えは浮かばなかったようだけれど）。ロセッティは男女を問わず、赤毛の人間を身近にはべらせていた。ダンの後任として助手となったのは、赤毛のマン島出身者でのちに小説家となるホール・ケインで、アーサー王伝説の魔法使いマーリンを演じさせるべく母なる自然に創り出されたような、独特だが愛嬌ある容姿の持ち主だった。1862年からの1年間、ロセッティは、燃えるような赤毛の詩人にして極めつきの奇人、アルジャーノン・チャールズ・スウィンバーン（図20）と同居していた。この人物については次章で詳しく述べるが、1863年に、ジョアンナ・ヒファーナンとホイッスラーがその家に客として招かれている。スウィンバーンが2人をもてなしたとすれば、パーティを盛りあげるべく、階段の手すりを全裸で滑りおりるくらいのことはしただろう、何しろ〝ヤマネコみたいに〟アトリエで踊り狂ってロセッティを激怒させたという逸話もあるほどだから[4]。そしてよく知られているように、ロセッティの最初のミューズでのちに彼の妻となったのが、ミレイの1852年の作品《オフィーリア》のモデルも務めた赤毛の美女、エリザベス（リジー）・シダルだった。ロセッティの弟ウィリアムによるその人物評は――

世にも美しい人で、気高さと愛らしさを兼ね備えた雰囲気と、控えめな自尊心を超えた尊大な寡黙さともとれる何かを持っている。長身で優美な体つき、気品ある首、整っていながらどこか非凡な顔立ち、緑がかった青のきらめかない目、幅のある完璧なまぶた、輝くような肌、たっぷり量のある赤銅色がかった金色の髪に恵まれている[5]。

他方、あまり褒めていない評もある。リジー・シダルには総じて〝きらめかない〟――生気のない――ところがあったようだ。

彼女は無気力だった……この無気力さのおかげで2人は一緒になったのだ。（ロセッティの）後ろをゆっくりとついて歩く彼女は、身ぶりが力強く大仰な熱いラテン男のそばで鈍重な動きをする、憂鬱な人形だった。彼の大笑いにつられて力なく笑みを浮かべ、彼の冗談にはかろうじて面白みのある答えを返し、彼の燃えたぎる情熱には希薄な情熱で応えた。同じ噛み合わないやり方で、彼はその反応の乏しさゆえに彼女を愛した。彼女が何を考えているのか、何かを考えることがあるのか、だれも知らなかった。彼女には……〝自分の殻に閉じこもる〟癖があり、風変わりで才気走った画家仲間に引き合わされると、その度合いが増して底知れぬ沈黙と化した……物憂げな美をまとい、生まれつき無口で、どこまでも無感動な彼女は、まるで血を注ぎこまれた彫像だった……(6)

その無気力さはおそらく、彼女が鬱とアヘン中毒の両方を患っていた事実と大いに関係している。リジー・シダルは（達者ではない）詩を書き、（上手くはない）絵を描き、1862年にアヘンチンキの過剰摂取で死んだ。残されたロセッティは、誠実な恋人でも思いやりある夫でもなかったため、当然と言われても仕方のない自責の念を生涯負うことになった。ロセッティは彼女のおとなしい顔を、髪を、悲しげで虚ろな目とそこに映るものすべてを愛したように思えるかもしれないが、リジーという女をそれほど愛してはいなかった。ロセッティによる最も痛ましいリジー・シダルの肖像と言えるのは、《ベアタ・ベアトリクス》（1864～70年ごろ、図21）だろう。リジーの死後の作品で、同じ名の詩人ダンテが『神曲』に歌ったベアトリーチェに着想を得たものだ。失った最愛の人として描かれたリジーは、この世というより死してあの世にいるかのように目を閉じ、その赤い髪を、後光に取り巻かれた彗星の淡い尾のごとく後ろに垂らしている。いまロセッティは、アリス――モデルになるにあたって改名したアレクサ・ワイルディング――のなかに、リジーの面影を見ていた。負けず劣らず美しく、明らかに同じ虚ろな表情を見せてもくれる。〝美しい顔だ〟と助手のダンは評した。〝どのパーツも鋳型でこしらえたように整っていて、しっとりと穏やかで神秘的な落ち着きに満ちているが……いかんせん表情に乏しい。座した姿はまるでスフィンクスだ……〟

赤毛の人間がみな激しい性格だとはかぎらない。アレクサの〝落ち着き〟にはかまわず、ロセッティは美しい顔と見逃しようのない髪をしたその新しいモデルを惜しみなく使った。彼女のためと言わんばかりに、《祝福された乙女》を赤毛に描いた（1850年には同題の詩に、その乙女の〝背中に流れ落ちる髪は／……熟したトウモロコシの黄色〟をしていると書いていたのに）。ロセッティは、いずれも1864～8年にファニー・コーンフォースがモデルを務めた《リリス》と《魔性のヴィーナス》にアレクサの顔を上描きし、今後は専属モデルとなることをアレクサに承諾させた。実際のところ、アレクサをそれほど創作心をそそるミューズたらしめていたのは、リジーと似ていることにともなう、その無表情さだったのかもしれない。彼女はただ時間どおりアトリエに現れて、着飾ってさえいればよかったのだろうか。《ラ・ギルランダータ》にさえ、〝隠された深い意味〟は見出せない。ロセッティの弟ウィリアムによると、〝おそらく彼（ロセッティ）は、大まかに言って、若さ、美しさ、天上界からも注目を集める芸術の力を示そうとしている……〟らしい。要するに、モデルではなく画家を前面に押し出すための絵ということだ。そして鑑賞者としてそれらの前に立ち、延々と連なるラファエル前派の赤い巻き毛に象徴的な意味を探しているのは私たちなのだ。

たしかにいくらかの意味はある。描かれた赤い髪がほぼかならず垂らしてあるかほどかれていて、まとまらないほどふさふさと豊かである点は注目に値する。それはイヴやリリスに見られる女性の性衝動、サンズの《高慢なメイジー》における女性の情熱、あるいは同画家の《トロイのヘレン》における死に際の美の抗いがたさを象徴しているのかもしれない。また、そうした画家たちが少なくとも駆け出しのころには住んでいた世界の自由奔放《ボヘミアニズム》さも示していそうだ。彼らの絵の多くは神話を主題としている――つまり、超自然的なものの属性として赤毛という小道具を利用していたのかもしれない。赤毛は画家にとってまちがいなく、編んだ髪やつややかな巻き毛を表現する腕の見せどころでもあった。描きながら眼福を味わう、そうした画家たちは、21世紀の広告業界とまったく同じやり方で赤毛を用いている。ラファエル前派が好んだちょっとした隠語で、1840年代から今日のタブロイド紙まで廃れず使われつづけている言葉に、〝はっとさせるもの《スターナー》〟がある。もちろん、〝はっとさせる色使い〟のように使われていたのだが、やがて人の目を釘づけにする女性そのものを表すようになる。ラファエル前派には少し好色なところがある。彼らがマグダラのマリアをどう扱ったかを見てみよう。中世美術においておそらく最も力を与えられた人物、聖母マリアと並ぶ、中世ヨーロッパにおいて最も重要な聖女だったマグダラのマリアは、ラファエル前派の手にかかると、またひとり〝はっとするほどの美女《スターナー》〟を描くためのただの口実か、ロセッティの《見つかって》(図22)に見られるような、現実の娼婦になった。画家自身の解説によると――

この絵は、遠くの背景をなす橋沿いの街灯がまだ消えずにいる、明け方のロンドンの通りを描いたものだ。ひとりの家畜商人が道の真ん中に荷車を放り出し……いましがたふらふらとそばを通り過ぎた女のあとを、少し走って追いかけた。その男はちょうど女をつかまえたところで、女は相手がだれだか気づくなり、恥じ入って教会墓地の塀の前でくずおれ、男は立ったまま、半ば動揺し、半ば女が自傷に走るのを阻むように、女の両手をつかんでいる。

ヴィクトリア朝時代の月並みな題材〝堕ちた女〟は、こうして文字どおり地面にくずおれることにも言い換えられる。

娼婦の婉曲ぶったスラングである〝マグダレーン〟は、少なくとも17世紀後半から使われてきた。この絵が特にほのめかしに満ちているように見えるのは――実は着手から30年経っても完成に至らず、1882年の画家の死によって、未完成のまま残されたという複雑な背景もある――ロセッティが最終的に作中の女のモデルにしたのが、彼の愛人にして家政婦、そしていかがわしい過去を持つファニー・コーンフォースだったという事実による。ファニーは置物同然のスフィンクスでもなければ、尊大な寡黙さを長くまとっていられるような女でもなかった。ファニーとロセッティは老境に入ると揃って肥え太り、ファニーは彼を〝サイ〟と呼び、ロセッティは彼女を〝ゾウ〟と呼んだ。ところが、《見つかって》のなかでは、その人間味あるファニーが、末期の肺結核かことによっては梅毒を患い、緑がかって見えるほど血色が悪く、恥辱と苦痛を顔ににじませた、哀れな女として描かれている。羽根つきの洒落た帽子が脱げ、赤銅色を帯びた髪が露出していて、おそらくはそのおかげで家畜商人は、彼女がかつての恋人だと気づくことになった

（田舎から出てきた可愛い娘が汚《けが》れた街で身を滅ぼすというのもまた、ヴィクトリア朝時代の美術にも文学にも便利に使われた紋切り型の設定である。ディケンズ作『デイヴィッド・コパフィールド』のリトル・エミリーもその一例だ）。その作品は未完成ながらも展示され、多くの賛美者を得た。1883年にロンドンの王立芸術院で鑑賞したルイス・キャロルもそのひとりで、家畜商人の顔つきを〝絵画でこれまでに見てきた表現のなかでも1、2を争う優れた出来栄え〟と評している。まあ、そういう意見もあるだろう――この絵のきわめて興味深いほかの点は、4世紀前のショーンガウアー工房制作の板絵《ノリ・メ・タンゲレ》の主題が再生されていることだ。ここにはマグダラのマリアが、力を奪われどん底まで堕ちた〝マグダレーン〟となって存在し、意に反して男にふれられた女のほうが顔をそむけている。原作に対するロセッティの返答として、ゲツセマネの園は枯れて貧民街に落ちた1本のバラと化し、庭園の鳥たちはロンドンのつがいのスズメと化している(7)。

ラファエル前派の画家のモデルに関しては、知力も個性もたいして求められなかったという印象が否めない。そのいずれかを持っている女性は、やがて退屈してよりよい人生を求める傾向があった。ときには、リジー・シダルのように、画家と結婚することに希望を見出して。結婚してもなお退屈を覚えた者もいた。16歳のエレン・テリーは、1864年にラファエル前派の面々と親交のあった47歳の画家、G・F・ワッツのモデルとなり、ほどなく彼と結婚した。《選択》という作品に描かれた彼女の肖像は、色白の女学生のような顔立ちと、ストロベリー・ブロンドの髪が見事に引き立られていて、人妻に対する外からの巧妙な誘惑を拒むエレンを描いていると解釈されることが多い。だが、いまその絵を見ると、そのくどくどしい花の象徴化のおかげで、エレンが鼻に近づけている華やかだが香りのないツバキがワッツとの結婚生活を、心臓の近くに持った可憐だが香りのあるスミレが、いずれ舞台に立つという彼女の野心（アレクサと同じだが、こちらは夢で終わらなかった）を表しているようにも読みとれる。エレンが女優としての名声をきわめた１８８９年、ロンドンのライシーアム劇場におけるヘンリー・アーヴィング演出の『マクベス』上演中に、ジョン・シンガー・サージェントが、マクベス夫人の衣装をまとったエレンを描くことになる。クジャクの尾を思わせる緑のクロシェ編み地と青い金属糸をふんだんに使った、そのたぐいまれなドレスは、カブトムシの翅形《しけい》をした無数の緑のスパンコールで玉虫色の輝きを放っている。ダンカンの王冠を頭上に掲げた、強情で、情熱的で、凶悪で、もちろんスコットランド人らしいマクベス夫人の装いは、船の大綱並みに太く、金の細紐を編みこんだ、膝まで届く深紅の髪の２本のおさげによって完成する（図23）。

　赤い髪が民族性を意味する一例には、ジョン・エヴァレット・ミレイの１８７１年の作品《ソルウェイの殉教者》（図24）もある。スコットランドはミレイにとって特別な重要性を持っていた。１８５０年代の代表作のいくつかは、スコットランドを舞台にしているか、スコットランド人を題材にしている。ジョン・ラスキン夫人であった赤〔金〕《オーバーン》褐色の髪のエフィー・グレイとミレイが恋に落ちたのも、１８５３年のことだ。《ソルウェイの殉教者》の背後にある物語は、心和む話ではなく、痛ましい結末の悲劇そのものである。殉教者にあたるのはマーガレット・ウィルスンという、ダンフリースのウィグタウン出身の18歳の娘で、スコットランドの教会を統率する、カトリックのイングランド王ジェイムズ2世及びスコットランド王ジェイムズ7世を受け入れる宣誓を拒んだために、１６８５年に死刑を言い渡された。刑の執行を猶予されたにもかかわらず、マーガレット・ウィルスンはソルウェイ湾の杭に鎖でつながれて溺れ、宣告どおりに死を遂げた。

この《ソルウェイの殉教者》には、ミレイが前年の１８７０年に発表した作品に言及せずしては語れない特異な背景もある。その作品《遍歴の騎士》では、全裸で木に縛りつけられ、乱れた赤い髪を垂らした女性が、襲撃者のひとりを倒した騎士によって縛《いまし》めを解かれていて、この女性は追いはぎの被害者と解釈されてきたが、強姦の可能性も高そうだ（初期の解説には、この女性が〝悪質にもてあそばれた〟とあった）。そしてそこには、血で濡れた、やけに目立つ騎士の長剣もある。月明かりの描写や森のなかという設定だけ見ればアーサー・ラッカム（ヴィクトリア朝時代に活躍したメルヘンやファンタジーの挿絵画家）風のこの絵は、性行為への戦慄を感じさせる。しかも、もともとの構図では、いま私たちから顔をそむけているその女性は、助けてくれた騎士のほうへ顔を向けていた。これは強烈で破壊的な作品だった。女性の裸体は鑑賞者を楽しませるべく大胆に晒してある一方で、その顔は恥じらいか屈辱感から（たとえば、ルフェーヴル作の《洞窟のマグダラのマリア》のように）、うつむきぎみに横へそむけられていた。現にミレイのこの作品は、ヨーロッパ大陸の絵画におけるヌードの〝理想形〟と比較するべく引き合いに出されたが、この比較をした批評家たちの頭にあったのはおそらく、ルフェーヴルのようなサロン画家の絵で、マネの１８６３年の《草上の昼食》や同年の《オランピア》のような作品ではなかっただろう。《遍歴の騎士》の裸の女性の全身がほぼ等身大だったことも、最初の展覧会で批評家をより不快にさせただけだった。女性の太腿はたるんでいて、くびれもあまりなく、〃現実の女性そのままで、あまりに生々しい〃と評された。(8) その絵は売れ残り、ミレイが中央の一部を切りとって、私たちから顔を背けている女性を描いた新しいカンヴァスをはめこむとようやく売れた。では、後ろで両手を縛られた赤毛のヌードの上半身部分をどうしよう？　そうだ、これを使って《ソルウェイの殉教者》を描けばいい、もちろん、ちょっとばかり画家の魔法の筆を振るって——それがまさにミレイのしたことだ。(9)《殉教者》のマーガレット・ウィルスンは、もとをたどれば騎士に救われた乙女の上半身だった。ただミレイは、《遍歴の騎士》が被った反応から学んだのか、彼女の新たな化身には服を着せた——いかにも19世紀風のブラウスと、印象的なタータンチェックのスカートを。ミレイはまた、救出の可能性をすべて排除している。騎士も、王女アンドロメダを救うペルセウスもそこには現れない。ソルウェイ湾の黒々とした海が彼女に襲いかかっている。彼女が目をそむけているのは、己の裸身からではなく、その運命からだ。その絵の鑑賞者は、マーガレットが見ていないものを見るよう強いられるという気まずい立場に置かれる。しかし、波立つ暗い海を背景に、荒れ模様のどんよりした空と対照をなすその赤い髪は、たしかな旗じるしとなって、（スカートのタータンチェックとともに）彼女の民族意識と抵抗を伝えている。これは、題材となる人物の赤い髪と作品の意味が不可分である一例だ。

実のところ、サロン画家がなめらかで非の打ちどころのない脚のヌードを描く時代はすでに終わりに近づいていた。海峡の向こうのフランス印象派の画家たちもまた、赤毛の女を作品に取り入れつつあった――1880年代後半の、オーギュスト・ルノワールの甘く柔らかなヌード画や、エドガー・ドガのパステル画に。エリザベス1世の時代以降、美術作品にそれほど多くの赤毛は描かれてこなかった。ドガのパステル画のなかで、入浴後の体を海綿でこするかタオルで拭くか、長い髪を梳《くしけず》るかしている女性たちは、単なる物と見なされている、顔を洗い毛繕いをする猫たちと同一視されているとの批判を受けてきた。そうした沐浴が昔から情交の前かあとにおこなわれていたこと、彼女らがたいてい裸であるか裸に近く、やはり顔の表情が見えにくいことから、少なくとも性的には搾取される存在であるようにも読みとれる。けれどもドガは、1896年ごろの《髪結い》(図25)で、赤毛をまちがいなく賛美する、かつてない秀逸な表現をしてみせた。ここでは、ひとりの女(やや年配、赤毛で、ピンクのブラウスとエプロンを着けている)が、前にすわったもうひとりの女(若く、赤いローブを着ている)の髪を梳《と》かしている。若いほうの女の長い赤毛が、これから絞り機にかける洗濯物のように、2人のあいだに伸びている。左上の隅に巻きあげられたカーテンから、人物の後ろの壁の色まで、すべてが赤に覆われている。テーブルに置いてある装身具のビーズも赤で、若い女の頬にも赤みが差している。この絵に描かれているのは、子宮と同じ赤色に満たされた心安らぐ空間と解釈していいだろう。まるで、髪の摩擦で起こった音が聞こえてきそうな静電気が、カンヴァス全体を赤く染めたかのようだ。

とはいえ、この時代のずば抜けて優れた赤毛の描き手は、トゥールーズ・ロートレックにちがいない。パリのキャバレー〈フォリー・ベルジェール〉の歌手や踊り子で、彼のモデルを務めたとりわけ有名な3人――イヴェット・ギルベール、ジャンヌ・アヴリル、ラ・グリュー――はみな赤毛だった。1894年の作品《ムーラン通りの医療検査》に、ロートレックはお気に入りのモデルのひとりを描いている。ロランドと呼ばれているらしい獅子鼻の娼婦が、梅毒の兆候がないか検査を受けるべく、スリップをへその上までまくりあげ、慣れた様子で列に並んでいる。彼女の鮮やかな赤毛はこの絵の注目点だ。そしてこれこそが、画家が作品のなかに赤毛を配するもうひとつの理由になる――少量でじゅうぶん生きるその色、目を引きつけるその力――通りに立つ女や、ベル・エポックの娼館で働く女にとっても赤毛が役立つのとまったく同じ理屈である。目に留まりやすいのだ。(10)

トゥールーズ・ロートレックの絵には、独特の無造作なフレンチ・シックと、人工的に染めた燃えるような赤毛との睦まじい関係が描かれている。今日のパリの通りでも見られる対比だ。かつては社会階級の底辺と分かちがたく結びついていたその特徴が、どうして魅力的でファッショナブルなものになったのだろう? その答えのひとつは、自由奔放な若い女性の持つ、非凡で、自立していて、型にはまらないイメージと、天然か人工かを問わない赤毛とのつながりを、こうした画家たちが築きあげたことにある。そしてもうひとつは、この時代の少なくとも2人の具体例から見てとれるように、赤毛に対する態度が徐々に変化していったことだ。まずひとりは、〝赤い月《ラ・リュヌ・ルス》〟の異名でも知られた高級娼婦、コーラ・パールだ(11)(図26)。その莫大な富(1860年代には、彼女と一夜をともにする代金に1万フランも要求することがあった)が、彼女の身に着けるものすべてと、真似されるほど人目を引く外見上のあらゆるスタイルを支えていた。大衆の目に留まりつづけるためには驚きを作り出し、イメージを大胆に覆すことが重要だとコーラは心得ていて、ときには新しい馬車の内装に合わせて髪をいつもの赤ではなくレモンイエローに染め、着用するロングドレスに合わせて愛犬をブルーに染めた。生業としてはもう少し堅気に近い、オペラ歌手のアデリーナ・パッティは、毛染めにヘナを使うのを当たり前のこととして世に広め、1870～80年代にかけてキャリアの全盛期を迎えた。だがどちらの女性も、人目を引きつけその主体に気づかせる赤い髪の力をいまだに利用していた。イヴェット・ギルベールや、ジャンヌ・アヴリルや、ラ・グリューや、名もないロランドもそうしていたように。印象派の画家ジョン・シンガー・サージェントが1884年の《マダムXの肖像》に描いた〝プロ美人（「社交界での処世術に長けた美女」の意）〟、ヴィルジニー・アメリ・アヴェーニョ・ゴートローは、世紀末《ファン・ド・シエクル》のパリで、前述の2人に比肩する知名度を誇り、ヘナで髪を染めていることでも知られていた。1881年には、アメリカ人画家のミス・マリア・R・オーキーが著書『装いの美 *Beauty in Dress*』のなかで、赤毛を、卑下したり隠したりすべきものではなく、独特で魅力的な髪色として分類し、その髪を最高に引き立てる独自のカラーパレットを提案している――〝クリーミーな色調の白、黒、黒と見分けがつかないほど濃い緑、深い緑、深い青緑、プラム、アメジスト〟などだ。そして1910年には、H・G・ウェルズが『ポリー氏の人生』（高儀進訳／白水社／2020年）に、奇抜な赤毛の女子学生を登場させている――青年ポリーが真摯に想い、熱烈に憧れる相手として、また読者にもその魅力がじゅうぶん伝わりそうな存在として。

　さらには、社会に受け入れられた赤毛の新たな地位を示す新語も出てくる。1890年の4月1日（エイプリル・フール）、ヨークシャーのライトクリフ村のオーバーン印刷所が『赤毛の悟り

The Philosophy of Red Hair』を出版した。その時代らしいユーモア満載のこの書籍は、赤毛の青年ルーファスの不幸な心の内を綴ったものだ。ルーファスが姉の日記を読むと、こんなことが書いてある――〝直毛であっても赤毛は醜さのしるしだ〟けれど、もし〝巻き毛だったら〟それは〝ぺてん、裏切り、新たな一歩か自分の出世のためなら旧友を犠牲にしても平気〟なしるしになる。列車で旅をしていれば、危険の合図と見まちがわれるといけないから、窓から頭を突き出さないよう注意される。仮装パーティに招かれれば、茶色の紙を全身に巻きつけるだけで火のついた葉巻に見えるよと言われる。そんなふうにからかわれるお決まりの理由をいやというほど聞かされる――赤毛を嫌うのは、デーン人襲来の恐怖を思い出させるから、ユダが赤毛だったから、原始的な特徴だから（これは19世紀の人類学者の口癖だ）。その一方で、ルーファスはこんなことも書いている――典型的な小悪魔タイプの女性はかならず、燃えるような赤い髪と緑の目を魅力として与えられている、と。そして何より不公平なのは――〝作家がよくやることの何が腑に落ちないかって、赤毛の女の子の赤い髪は、その子が素敵な若い女性に成長するとオーバーンかブロンドに変わるけど、赤毛の男の子の赤い髪は、章の最後まで赤いままなんだ〟。これは現代の意味で言う赤［金］褐色《オーバーン》、つまり軽蔑されがちなニンジン色《キャロット》やショウガ色《ジンジャー》に代わる好印象の色で、女性にとっては明らかに魅力的な色になりつつあった。〝オーバーン〟は受けがいいのだ。[12]『オックスフォード英語辞典』によると、19世紀後半に使われはじめた〝ティツィアーノ〟も同様で、こちらには高尚な芸術に通じていることをにおわせる利点もある。当然ながら、この色名は人気を得た。1904年の《ダンディ・アドヴァタイザー》紙にはこんな論評が載ることになる――

〝20年前、赤みを帯びた髪は〝ニンジン色〟と呼ばれていたが、いまやティツィアーノ色の巻き毛は紛れもなく美しいものと見なされている〟。第1次世界大戦前にきわどいロマンス小説で爆発的成功をおさめた(緑の目と赤い髪を持つ)作家エリノア・グリンは、1905年に『イヴァンジェリンの日記』(青山遼子訳/サンリオ/1991年)を書きあげる。社会のはみ出し者を自称する型破りで憎めないヒロイン、イヴァンジェリンは〝緑の目と赤い髪の冒険者として貧乏旅行〟に乗り出し、そのせいで〝落ちぶれることになる〟が、持ち前の才覚で、後見人である甥の誘惑をかわしつづけたうえ、裕福な貴族のヒーローと恋に落ち、そのおじを味方につけて、ヒーローとの結婚を認めてもらう(彼女の着た蠱惑的なピンクの絹のナイトガウンに、彼の興ざめな親族が眉をひそめるひと幕もあったけれど)。

ラファエル前派が愛した赤毛の妖婦《ファム・ファタル》の、社会に馴染みやすいトーンダウン版として、赤毛の小悪魔が新世紀にもてはやされたのは、ミセス・グリンの功績に負うところが大きい。が、よりいっそうこれを浸透させたのは、1928年に公開された映画《赤い髪》だろう。『イヴァンジェリンの日記(原題 *Red Hair*)』を原作としたこの作品には、黎明期のテクニカラー方式が採用され(もしや、ヒロインの赤毛を実物そのままに映すため?)、ハリウッド初の赤毛のセックス・シンボル、クララ・ボウが主演を務めた。1910年代に人気を博し、〝私はあばら屋育ちのアイルランド系〟と自嘲してきた、クララの先輩女優メイベル・ノーマンドも、このころには血筋を誇れるようになっていたかもしれない。

スコットランド人のタム・ブレイクはおそらく、1540年に新世界にたどり着いた最初のケルト族移民だろう（もっとも、6世紀の航海者聖ブレンダンが、ヴァイキングにもクリストファー・コロンブスにも先んじてそれをなし遂げ、アメリカ先住民の口承する神話に、赤毛の巨人が出てくるまったく新たな展開をもたらしたという言い伝えもあるけれど）。タムに続けとばかりに、16世紀と17世紀には危険な航海が繰り返されることになる。赤毛は——シチリア島のノルマン人と同様に——昔から人間の移住のわかりやすい目じるしになってきた。よって、またそうなることは必至だった。1650年代、オリヴァー・クロムウェルの統治下で、数万のアイルランド人が西インド諸島に奴隷として連れてこられた。18世紀には、さらに多くの流刑囚がオーストラリアへ運ばれた。19世紀、ケルト族の集団移住のいわゆる最終行動において、スコットランドとアイルランドの両方から、南アメリカやカナダ、オーストラリア、ニュージーランドへの大規模な移動がおこなわれた。ここでもまた、赤毛の遺伝子は移住者とともに旅をした。

狂騒の1920年代におけるハリウッドの〝イット〟ガール、クララ・ボウ（コメディ映画『あれ（It）』で〝可愛くて色っぽい〟デパートガールを演じた彼女のために、ほかでもないエリノア・グリンがその愛称を考えた）は、泡立つようなその赤い巻き毛を、イングランド系アイルランド人とスコットランド人の先祖から受け継いだ。ボウが過ごしてきた子供時代と思春期はつらくて悲惨なことばかりで、この目立つ外見のせいでやたらといじめられるのだと内心思い、それを懸命に隠そうとしていた。自分は不器用だし、正統派の美人でもないし、多くの赤毛の子供と同じく、学校でくるくるした赤毛をからかわれたと本人は語っていたが、カメラを前にした彼女は〝イット〟で、余裕に満ちていた。ハリウッドは、そしてアメリカは、赤毛を見出したのだ。

旧世界において、髪の色は下層階級に属している証であった。それが個性のしるしとして新世界に持ちこまれたとなると、状況はかなり変わってくる。新たな環境に移された赤毛は、まったくちがうものを意味するようになる。個性のしるしのみならず、本物のしるしとなるのだ。恥ずべきものではなく、称えるべきもの、その人の遺産と歴史を堂々と見た目で主張するものになる。そしてアメリカにはすでに、髪の色ではなく肌の色によって選定された下層階級が存在したことも忘れてはならない。旧世界からの移民が、新世界生まれの白い肌をしたアメリカ人に、社会カーストの底辺にいると見られていたのはたしかだろう。ちょうど旧世界で、アイルランド人がイングランド系アイルランド住民にそう見られていたように。彼らはいまも苦しんでいるかもしれない――ノエル・イグナティエフが著書『アイルランド人はいかにして白人になったか *How the Irish Became White*』（1995年）で定義した、〝紛れもない人種攻撃、虐げられた集団全員の、画一的な社会的地位への格下げ〟というものに。しかし旧世界には、2者の対立を和らげる、さらに下層の奴隷社会はなかったけれど、アメリカにはあった。実のところ、2つもだ――最初は黒人社会、次は旧世界から新世界へ到着した移民の第2波、つまり1880年代の帝政ロシアでの大虐殺から逃れてきたロシア系ユダヤ人たちだ(13)。アメリカのアイルランド人は、ただ大西洋を渡ってくるだけでひとつ上の社会階級にあがることができた。それによって生まれた大きな差別はすべて、軽蔑される〝赤毛の継子《ままこ》〟というアメリカ人の一様な考えに覆い隠された。アイルランド人が初めて集団でやってきたとき、黒人は自分たちが〝燻《いぶ》したアイルランド人〟と呼ばれているのに気づいた。アイルランド人のほうは、自分たちが〝裏返しにした黒人〟呼ばわりされているのを耳にした。(14) ペンシルヴェニア歴史協会が、ある黒人労働者からの苦情を記録している――〝私の主人はひどい暴君です。私のことを粗野なアイルランド人みたいに不当に扱うんです〟。アイルランド人は事実上、奴隷の側に立つか圧制者の側に立つかの決断を強いられた。彼らは後者を選んだが、イグナティエフが指摘するように、いちばん弱い者を相手に力を振りかざしたところで、何が変わるわけでもない。〝赤毛の継子みたいな目に遭わせてやる〟というアメリカの言いまわしは、ずっと昔にどこかの荒んだ土地で生まれたのだろうが、アイルランド人や赤毛の人のもともと低い身分と関係しているようには思えない。それはむしろ混血児を、本来は奴隷の黒人女性とその白人の主人とのあいだにできた子供を指していた可能性が高い。だから、ハーパー・リーの1960年の小説『アラバマ物語』(菊池重三郎訳／暮しの手帖社／1984年)には、ジェムとその妹スカウト（私）との、こんなやりとりが出てくる。

「ジェム」私は尋ねた。「あいのこって何？」

「半分白人で、半分黒人の子供のことだよ。おまえも見たことあるだろ、スカウト。薬局に配達に来てるあの赤い縮れ毛の男とか。あいつは半分白人だ。惨めだよな」

「惨めって、なんで？」

「どこにも属してないからさ。黒人のやつらは、あいつらが半分白人だから仲間にいれないし、白人のやつらは、あいつらを黒人と見なすから仲間にいれない。だから宙ぶらりんなんだ、どっちの仲間にもなれなくて」

要するに、混血児のほうがその状況をどうにかしないかぎり、だれよりも蔑まれ、だれよりも愛されない存在のままだというのだ。共顕性の不思議なところは、赤毛の遺伝子が黒人の生まれ持つ特徴とともにはっきり発現しうることだ――黒人解放運動の英雄、マルコムXの髪の赤みは、スコットランド人の祖父から受け継いだものである。それでも、あのような不快な言いまわしがあっても、大西洋の片側ともう一方の側とでは、赤毛に対する反応に見逃せない差異があると私は感じる。黒人奴隷制の遺産として、好ましくない類型化に向けられる社会的関心が英国よりはるかに高くなった米国では、この国には赤毛に対する差別など存在しないと言われることが多いのだ（そんなの嘘だと自信を持って言える赤毛のアメリカ人はたくさんいそうだけれど）。それ以上に驚くのは、カナダと米国（19世紀に白人の移住が選択できた国）、オーストラリアの3国のあいだでも、赤毛に対する態度にちがいがあることだ。オーストラリアには、都会の底辺層をなす〝異分子〟がもともと存在しておらず、他国からの人の移送はたいてい法的制裁の結果であったため、そこに送られた者たちとともに持ちこまれた赤毛は、下層民というより罪人であることを暗に示すしるしとなった。

女性の赤毛は19世紀の旧世界で新たに人気となったかもしれないが、それに応じた変化が赤毛の男性に対する態度に出てくることはなかった。それどころかこの時代には、卑劣きわまる赤毛の悪党2人が本のページのあいだから生まれ落ちることになる――1850年に、チャールズ・ディケンズの『デイヴィッド・コパフィールド』（石塚裕子訳／岩波書店／2002年）から、この作家の生み出したどの悪役にも劣らず恐ろしいユライア・ヒープが、1898年にはヘンリー・ジェイムズの『ねじの回転』（小川高義訳／新潮社／2017年）から、ピーター・クイントという人物が。

ユライア・ヒープは、作中に登場する時点ですでに、ショウガ色の髪を囚人風（坊主頭と言ってもいい）に短く刈りこんでいる（図27）。その顔の〝肌のきめには……赤毛の人の皮膚によく見られるかすかな赤みが〟ある。つまり彼もまた、赤ら顔と赤い髪をした、キリストの磔刑の場面の改心しない盗人なのだ。皮膚のきめから透けてしまうその赤みによって、作者はヒープの本性――策士で、ぺてん師で、中世の道徳劇の悪魔のように、隙あらば周りの人間みなに道を誤らせる――を私たちに伝えている。ヒープは女性性と男性性を併せ持つ。主人公のデイヴィッド・コパフィールドの興味をときに引きつけ、ときに撥ねつけながら、手段を選ばぬやり方で、目的を遂げる寸前まで行き着く。1898年にはヘンリー・ジェイムズも、赤色と地獄の気配との古くからのつながりを、ピーター・クイントの人物造形に用いる。[15]『ねじの回転』のなかで、クイントは2人の子供たちとひどく病的な関係を持ち、死してなお戻ってきて、その2人とこの小説の語り手である名なしの女家庭教師に取り憑く。その女が描写するクイントの赤毛は、彼の邪悪な人間性を表すとともに、たとえ墓のなかにいるはずであっても、それはクイントのことだと聞き手に確信させる。

その男はきつく縮れた赤い、赤い髪と、作りの端整な面長の白い顔をしていて、髪と同じように赤い、やや奇妙な頬ひげを生やしている。

ヒープとクイントは、ずっと昔からそこにあった恐怖を19世紀に具現化した存在であり、いずれもその赤い髪によって、正常で、法を遵守し、自然の法則にさえ従う社会と区別されていて、そんな社会を彼らは大きく混乱させる。この2人はたしかに、きわめて異質な社会の申し子だ。

ところが児童文学の世界では、赤毛に対する心情に変化が現れる。最初は、フランスで1894年に刊行されたジュール・ルナールの半自伝的小説『にんじん』(高野優訳／新潮社／2014年)で、そして新世界では、1908年の『赤毛のアン』(松本侑子訳／文藝春秋／2019年)で。

『にんじん』は、フランスの国語の授業で使われる不動の教材ではあるが、子供向けの本ではない。むしろ子供についての本であり、両親の不仲な家庭で、母親からお門ちがいの不満をぶつけられて育つ赤毛の末息子の気持ちはどんなものかを綴った本である。にんじん(フランソワという本来の名前ではめったに呼ばれない)が赤毛であること自体は特に強調されない。この本が伝えているのは、日々の生活で、不安や恐れに苛まれ、自分の住む世界とほかの子たちの住む世界は何も変わらないと考えようとする彼の心の動きである。にんじんはまさしく反抗的で、まさしく癇癪持ちだ。痛ましいほど人間らしくて不幸な少年が、たまたま赤毛であるだけなのだ。女優のサラ・ベルナールと出会い、自身もたちまち有名人となったジュール・ルナール（名字が〝キツネ〟の意味だとは、なんという偶然）は、１８９６年の著書『博物誌』（辻昶訳／岩波書店／１９９８年）にこんなことを記している。『にんじん』の影響で赤毛が以前より同情視されるようになってきたと薄々気づいたのは、赤毛の自分を大女優サラがこう弁護しようとしたときだと――〝赤毛の人ってひねくれ者だけど……あなたはどちらかというとブロンド寄りね〟

そしてもちろん、アン・シャーリーがいる。彼女を生み出したルーシー・モード・モンゴメリ（カナダ人だ――旧世界で生み出されていたとしてもアンはあのとおりのアンになっただろうか？）が心に描いたその容姿は、〝色褪せた茶色のセーラー帽をかぶり、紛れもなく赤い豊かな髪を、2本の三つ編みにして背中に垂らしている。小さな顔は、白くて肉が薄く、そばかすもたくさんある[16]〟

アンは、デイヴィッド・コパフィールドと同じく孤児で、キャラクターとしては多くの児童文学の定型（何かと面倒な親の存在を消し、ヒーローまたはヒロインに困難な道を歩ませる）にはまっているけれど、アンは頭がよくて怒りっぽい。偉大なオーストラリアのコメディアン、ティム・ミンチンが〝ほかのジンジャー（「赤毛の人」全般を指す無遠慮な言い方）をジンジャーと呼んでいいのはジンジャーだけ〟と歌うずっと以前に、アンはまさにその核心にふれている――自分で自分のことを言うのはいいけれど、他人がそれを言っているのを聞くのはひどく気分が悪いものだと。アンの肌や髪のことを無遠慮なレイチェル・リンド夫人が口にするのを聞いたとき（〝あんなにそばかすだらけの子、見たことないよ。おまけに髪はニンジンみたいに赤いし！〟）、アンはすかさず食ってかかる[17]。ただ、それほどの負けん気があるアンでさえ、大人になったら髪が〝きれいなオーバーン〟になりますようにと願うのだ。

頭の回転が速くて早熟なアンは、言ってみれば、赤毛の小悪魔（イヴァンジェリンやクララ・ボウ）の無難な発育途上版で、目の輝きと賢い反撃力をそなえつつも純潔を保っている少女である。アンを経て、児童文学の赤毛のヒロインは、１９２０年代のハロルド・グレイによる漫画『小さな孤児アニー　*Little Orphan Annie*』から、『長くつ下のピッピ』（アストリッド・リンドグレーン著／大塚勇三訳／岩波書店／２０００年）の、大人のいないごたごた荘でサルと馬と暮らす、赤毛の男の子みたいな《トムボーイ》女の子の代表的ヒロインへと継承されていく。『長くつ下のピッピ』が最初に刊行されたのは１９４５年だが、『トイ・ストーリー２』（１９９９年）のカウガール人形ジェシーは、ピッピと重なるところが多いように思う[18]。さらに近年になると、自立心旺盛な『そばかす顔のストロベリー　*Freckleface Strawberry*』（ジュリアン・ムーア著／２００７年）が出てくる。そして、チャールズ・M・シュルツの漫画『ピーナッツ』の〝赤毛の女の子〟も忘れてはならない。『ポリー氏の人生』のアルフレッド・ポリーが学校の塀に腰かけ、永遠に手の届かない赤毛の愛しい人に恋い焦がれたのと同様に、チャーリー・ブラウンが一身に愛を捧げる憧れの人だ。

邪悪な存在でも、悪意の塊でも、軟弱者でもない赤毛の男性キャラクターをついに生み出すのも、子供向けのフィクションである。１９２９年に漫画が初掲載されたタンタンは、臨機応変、冒険好きの恐れ知らずで、特徴ある逆立てた赤毛の持ち主だ（図28）。しかも、タンタンはヒーローである。リッチマル・クロンプトンによる１９２０年代の児童文学シリーズ『ジャスト・ウィ

リアム *Just William*』のウィリアムには、頼れる相棒のジンジャーがいるが、彼はあくまでも相棒だ（ウィリアムにはエセルという赤毛の姉もいて、外面だけはすばらしく上品で魅力的なその姉が近所の好ましい独身男たちにモテているのが、弟には永遠の謎である）。１９３２年に初登場した同名の冒険小説のヒーロー、ビグルスにも相棒のジンジャーがいて、今日の作家たちにもその伝統は引き継がれてきた——ハリー・ポッターの副官とも言うべき、ロン・ウィーズリーもそうだ。けれどもタンタンは、登場人物のなかでは最年少ながら主人公であり、ボーイスカウトらしい健全さと正義感にあふれた、いままでにない赤毛のキャラクターだ。

こうした少年少女向けの物語の主役たちは、芸術や文学において赤毛の男性が数世紀にわたって偏見を抱かれ、ありとあらゆる悪の省略表現として用いられてきたことへの埋め合わせになるだろうか？　少なくとも彼らのおかげでそうした変容がはじまり、〝赤毛の女性は善／赤毛の男性は悪〟という先入観を捨て、思慮を深めて微妙なちがいを見分ける方向へと、社会の態度が変わったのはたしかだと思う。けれど、ユライア・ヒープひとりがもたらした長年にわたる偏見を消し去るには、タンタンや、ジンジャーや、ロンが何人登場してもまだ足りない。では、悪巧みをことごとくつぶされたヒープにはどんな報いを受けさせようか？　もちろん、終身流刑だ——オーストラリアへの。

第6章　ラプンツェル、ラプンツェル

なあ、聞けよ、色男、おまえは人生無駄にしてたぞ、
　　ひざまずいて赤毛の女を味わうまでは……
　　　　「レッド・ヘッデッド・ウーマン」
（ブルース・スプリングスティーン／１９９３年）

オーギュスタン・ガロパンはフランスの著述家、哲学者、医師で、１８８６年までに、火葬から婦人衛生まで幅広い主題の著書を20冊以上出版していた。明らかに、健康と女性の健全な生活がガロパン博士の大きな関心事だったようだが、彼の書いたものからは、スペインの俳優フェルナンド・レイをこざっぱりさせた感じの紳士が、マロニエの花の香り（マルキ・ド・サドに言わせると、精液のにおいらしいが）を楽しみながらリュクサンブール公園をぶらつき、たまたま目が合ったとびきりの美女《ジョリー・ダム》に帽子をちょいと持ちあげて挨拶する姿が容易に想像できる。なんと言ってもそこは、トゥールーズ・ロートレックのパリだ。そしてまた、ガロパン博士が新著『女

性の香り　*Le Parfum de la Femme*（１８８６年）を、疑うことを知らぬ世人に向けて送り出した街でもあった。

『女性の香り』は、民衆の知恵と高尚な科学をうまく混ぜ合わせ、秘話やガロパン博士自身の考察とひとりごとで味を添えた著作だ。博士は私たちに、たとえば、アリストロキアという植物がヘビを殺す現象がたびたび観察されている（アリストロキアは非常に毒性が強く、おそらく発がん性も有するが、その抗ヘビ性は少なくとも証明されていない）という絶対的真実をまず紹介し、そこに、実験に基づく適切な科学的考察のように受けとれるつぶやきをはさむ――雌のヒキガエルを何匹かつかんで、その手を水中に沈めると、雄のヒキガエルが殺到してくる、と。自分は唯物論者ゆえ、あらゆる物事は実験と観察によって証明されるべきだとガロパンは述べており、そのせいで彼の主張のいくつかはやや解釈しづらくなっている。受動喫煙が舞踏病や子供の自慰を誘発すると言いきるとともに、自身はコーヒーと砂糖を代わりに摂ることで禁煙できたと主張する（子を案じる親からすれば、改善策には聞こえないだろう）。そして、女性の体臭についての見解も出てくる。

　こちらはいくぶん好感が持てるが、ガロパンの考えでは、肌や髪の色で分類される各々の女性は、ワインのように独自の土壌《テロワール》を持っていて、特別な芳香を発しているという。たとえば、髪が栗色《チェスナット》（ここにも栗色が！）の女性は、琥珀《アンバー》の香りをさせていると博士は請け合う。琥珀に分類される種類の香りは、調香師にもたしかに認知されていて、ヴァニリンと植物樹脂のラブダナムがその主成分らしい[1]。博識なガロパンは、ヴァニリンが19世紀後半に発見された有機化合物だと承知のうえで書いたのかもしれないが、先ほど意訳したような文脈で使われていることからすると、〝竜涎香《りゅうぜんこう》（アンバーグリス）〟のことをアンバーという省略形で語っていると考えたほうがよさそうだ。

さて、嗅いだことのないかたのために言っておくと、竜涎香は、人間の鼻を途方に暮れさせるほど強烈なにおいがする。かすかな潮の香りの土台をなすのは、率直に言って、糞便臭だ。露骨な表現になるが、もし海が排便したら、その糞はきっと新鮮な竜涎香のにおいがする。このとんでもない物質が、マッコウクジラの腸内で謎の結石として生成されることを考えれば、そう突飛なたとえでもないだろう。ところが、それが時を経て酸化してしまうと（これには数年かかる場合がある――竜涎香は蠟のように柔らかく、水に浮くので、うまい具合にクジラに排泄されると、何年も大海原をぷかぷかと漂うことになる）、そのにおいは甘くなる。ただし、動物の糞のような強いにおいがすっかり失われることはなく、もっと微妙な、語弊を覚悟で言うなら、ホルモンのようなものになる。竜涎香の香りを嗅いで、セックスを想起しないということはありえない。そのまったく特別な価値は、定着性にもほかの香りの基剤としても優れていて、香りをずっと長く持続させる点にあったので、香水の調合術がまだ揺籃期にあった時代には、今日よりもはるかに広く歓迎されたことだろう。しかしガロパン博士によると、これが栗色の髪の女性の生まれ持つ体臭だというのだ。また〝そういう髪色をした女性で、肌がとても白い者は、体じゅうの皮脂腺からほのかなスミレの香りを放っている〟らしい。さらには、〝欲情したら最後……その淫婦たちは、みずからの香りの分子がそれを吸いこむ者たちの脳内で大暴れすることなど知らないふりをする〟。小悪魔ども、恥を知れ、というわけだ。そろそろ、こんなふうに話が締めくくられるな、とみなさんは考えていないだろうか――これもまた、えせ科学による怪しい赤毛神話にすぎない、と。あいにく予想ははずれだ。赤毛の人は事実、ちがったにおいをさせる。というより、あなたが赤い髪をしている場合、あなたが肌につけたものはなんでも、それをほかの人の肌につけたときとは異なるにおいを発するようになるのだ。

人間という動物の化学組成は、現代科学がその秘密を解明しはじめているとおり、ガロパン博士のどんな想像よりも複雑で興味をそそるもので、その分野の研究者は、すべての発見からまた別の謎が生じるように感じることもあるにちがいない。生化学者と遺伝学者は、密林のなかで失われた都市の構造を把握しようとするような、探検家に近い立場に置かれている。どちらもスタート地点は異なる。どちらも地図を持っている。だんだんと、予期したとおりか考えもしなかった本道や脇道や連絡路が見えてくる。そしてガロパン博士のプレイボーイ流生物学について言えば、何より驚くべき主張が、ばかげた迷信のなかでも一等ばかげたものが、完全に正しいことが証明されてしまう。

この先は、大部分が顕微鏡レベルに複雑な科学の話になるので、ことに私たち素人は、〝気にしなくていい〟の方針（「確固たる考えがあって興味深い何かを説明できそうなとき、それで説明がつかないことについては気にしなくていい」というもの）でも採らないことには歯が立たない(2)。例のＭＣ１Ｒ遺伝子が、染色体 16q24.3 上に位置する7回膜貫通型のＧタンパク質共役受容体であるとか（赤毛の住所と呼べそうなものがあるのは嬉しいけれど）、ＭＣ１ＲからＭＣ５Ｒまでの遺伝子ファミリーに属するといった情報を、私たちが一読して解する必要はない。ここで興味深いのは、毛髪の色素形成に加えてこれらの遺伝子が関与する、生物学的機能である——そのリストに並んでいるのは、副腎機能、ストレス反応、恐怖／逃避反応、疼痛／免疫反応、エネルギー恒常性（身体のエネルギー消費を調節する機能）、性機能と性的動機づけなどだ。要するに、赤毛の人はこれらすべての人体の基本機能が、その特殊な化学組成のせいで、ブロンドやブルネットの人とは異なっているのだ。この結果はみな、赤毛の類型化や、赤毛に対して示される社会的・文化的態度に長らく影響を及ぼしてきた。こうした差異は表面的なものにとどまらないが、まずはそこからはじめよう。

私たちはみな、皮膚の表面に、皮脂膜と呼ばれるきわめて薄い層を持っている。それは細菌その他の汚染菌に対するバリアとして働くが、赤毛の遺伝子を持つ人の場合、ブロンドやブルネットの人と比べてその皮脂膜の酸性が強いことが多い。どんな香水やオーデコロンも赤毛の人が肌につけると、その赤毛でない女／男友達がつけたときとはちがう香りになるのはそのためだ(3)。赤毛の人の肌だと、ブロンドやブルネットの人より香りの持ちが悪いせいもあり、出はじめの人工香水が大売れしていたころ、赤毛の女性が合成香水を大量に、あるいは濃厚なものを使って〝近づく者を片っ端から窒息させている〟とガロパン博士を嘆かせることになった。赤毛の人の肌が、調香師の丹精した作品を台なしにするというのもおかしな話だが、そこには、赤毛の女性が官能的と見られるもうひとつの理由、それもじゅうぶん科学的根拠のあるものが読みとれる——フェロモンだ。その〝香りの〟分子でガロパン博士を混乱させた皮脂腺の持ち主は、もともと人類を覆っていた毛をとどめている体の部位、つまり、性器や腋の下から特にたっぷりと皮脂膜に酸を分泌し、フェロモンも放出する。

フェロモン――すなわち、においが包有するメッセージ――は、目に見えないモールス符号であり、これによって私たちは全身の健康状態や、接する相手を受容できるかを示す信号を、無意識に、絶えず、自身を取り巻く世界全体と共有している。[4] 赤毛の人の肌に瓶から垂らした香水が、その皮脂腺からの分泌物によってまるでちがう香りになることがあるのなら、赤毛の人のフェロモンがブロンドやブルネットの人のそれと比べて特異で、独自の謎めいたメッセージを発している可能性もあるように思える。赤毛の人はブロンドやブルネットの人よりセックスの頻度が多いとか、赤毛の相手(決まって女性)とのセックスはなんだか〝いい〟とか情熱的だとか、その特別な香りも誘因になっているとかいう考えをせっせと広めているウェブサイトや記事は無数にある。それは文学のモチーフにもなった。パトリック・ジュースキントによる1985年の小説『香水――ある人殺しの物語』(池内紀訳/文藝春秋/2003年)のアンチヒーロー、ジャン・バティスト・グルヌイユは、赤毛の女の香りを捕らえるために殺人を犯す――

その女の汗は潮風のようにさわやかで、髪に塗った獣脂はナッツオイルのように甘く、その性器はスイレンの花束のように、その肌はアンズの花のように香り高い……これらすべての要素が調和して生み出された芳香は、実に濃厚で、実に安定していて、実に魅惑的で、グルヌイユがいままで嗅いできたあらゆる香水は……たちまち無価値なものになり果てた。

キャバレー歌手でトゥールーズ・ロートレックの友人だったアリスティード・ブリュアン（ロートレックの有名なリトグラフ《アンバサドゥール》で赤いスカーフをしている人物）も、1889年に「娼婦ニニ」という歌でこの布教に加わっている。

柔らかな肌をして
そばかすのある彼女
赤毛ならではの香りに
ぞくぞくさせられる

この2人より昔には、シャルル・ボードレールが〝赤い髪をした色白の女の子〟のことを詩に綴っていて、そのそばかすの散った体は〝甘いにおいがする〟とある[5]（1843〜5年ごろ、ボードレールの友人の画家エミール・ドゥロワが、濃い栗色の巻き毛を持つこの物乞いの少女を描いている。その肖像画はルーヴル美術館で見ることができる）。ところで、赤毛の私たちのにおいがちがうのなら、私たちの味もやはりちがうのだろうか？　私にはわからないけれど、ザ・ボス（ブルース・スプリングスティーンの愛称）はそう思っているようだ——彼ならきっと答えを知っている。

では、このへんでセックスの話に移ろう。

精神科医のチャールズ・バーグは古い世代のフロイト主義者だった。著書『毛髪の知られざる

重要性　*The Unconscious Significance of Hair*』（１９５１年）からその持ち味を紹介すると――〝クリスマス・ツリーは昔から毛髪と聖人のペニスと関連づけられてきた。（長い顎ひげを生やした）ファーザー・クリスマス（サンタクロースの英国での呼称。子供の守護聖人ニコラウスを起源とする）がツリーにぶらさがったペニスのような靴下をはずして、広く平等に子供たちに配る姿を我々は目にする。その聖人の祝祭から系統発生して受け継がれている祝宴では、シチメンチョウやガチョウといった、ふさわしい象徴の形にしてその聖人のペニスを食す〟（誓ってこの記述は私のでっちあげではない）。『毛髪の知られざる重要性』は事例研究も扱っており、そのひとつは、若い男性患者から聞かされた夢に関するものだが、バーグ医師はその患者の精神から、いくつもの認知されていない神経症を探り出そうとしている。夢のなかで、その青年はバスの座席にすわり、手を伸ばして前席の女性の赤毛にふれながら、バーグ医師の言う強い快楽を味わっていた。同じくらい婉曲に表現したければ、魔女リリスの訪問という言葉を使ってもいいかもしれない。要するに、射精まではいかないにせよ、勃起していたのだ。なぜそんなことに？　その青年はごく最近、恋人に頼みこんでショーツを脱いでもらい（これは１９５０年代の話です、念のため）、初めて見た彼女の陰毛が赤みを帯びていたので大喜びしたという。バーグ医師はどうやら、赤毛がお好みではなかったようで（当人が言うには、赤毛の人は〝リューマチ、舞踏病、結核菌〟のほか、〝勃起した陰茎の萎縮〟にも〝並外れた適応性〟を持っているそうだ）、無意識にか故意にか、青年の反応になんの重要性も認めていない。赤毛の私たちとしては、納得しかねるところだ。それどころか私にはこんな見当がつく――その青年が大喜びしたのは、自分の恋人がうわべはどれほどお堅くても、陰ではものすごくセクシーだという、自分だけしか知らない確証を目にしたからだ。

赤毛には、いったいどんな意味があるのだろう？　赤毛の人にとってではなく、ほかの人たちにとって何を意味するのか。わけても、赤毛の女性とセックスとのあいだに作られ、ここまで永続している、この不可解なつながりはなんなのか。あるいは、作家のトム・ロビンズの、赤毛を賛美する散文を引くなら――〝遠い昔のヘナの娘たちが、エロスの夢見がちな息子である僕らを虜にする力をどう説明すればいい？〟[6]。女性の赤毛が、健康な子供を産む見こみが高く、分娩の際に命を落とす見こみが低いことを連れ合いに示すしるしになりえたことは、すでに考察した。ジョン・クック医師が1775年6月の《婦人の雑誌》に寄せた文章にはこう書かれている――〝赤毛はあまり好ましいものではないが、そうした女性は静脈が青く透けるほどきめ細かな肌をしており、たいてい群を抜いた子だくさんになるということは言える〟。ではここで、核心に入ろう――裸のときは、どんな意味になる？

そもそも、赤毛を赤く色づけるフェオメラニンという色素は、創造主に選ばれた者たちの体のある部位をピンク色に際立たせもする。つまり、乳首や、女性ならば陰唇、男性ならばペニスの亀頭である。赤毛の人が裸になると、男性であれ女性であれ、多くは白い肌との対比でそれらが目立ち、パートナーにすさまじい性的刺激を与え、興奮が高まってその色が濃くなると、刺激は倍加される（赤毛の人がオーガズムに達すると、肌が白いせいで火照りが特によくわかって嬉しい、とは私も言われる）。これもまた、グラント・マクラッケンの言う、女性の赤毛が〝尋常でないほどの官能の歓び〟を保証すると（男性）社会に見られている理由でありうるのだろうか。

赤毛の人は型破りで、利かん気だ。ふたたびグラント・マクラッケンによると――〝彼女ら（赤毛の女性）に型どおりの女らしさ――可愛らしさ、従順さ、礼儀正しさ――を期待してはいけない……むしろ我々の抑えこんでいるものを発散させる気満々だと思っておけ〟。この考えは何世紀にもわたってはびこり、ジョナサン・スウィフトは、１７２６年の『ガリバー旅行記』（山田蘭訳／角川書店／２０１１年）で、架空の種族ヤフーの赤い髪をした面々を〝ほかの面々より性欲が強く、悪さをする〟と描写している。赤い髪は、面倒が起こるぞ、という警告フラグなのだ。性的には、激しさと力量の混ざった意味になる。赤毛の人は変わり者だから、赤毛の女性もたぶん、その傾向からすると、ほかの女性のしたがらないことをしてくれるかも……

もちろん、赤毛の人が認識されていることと実際に経験することとのあいだにも、表現型と遺伝子型の差異にたとえられそうなちがいがある――ただし、セックスにからんだ部分では、この２つはそうたやすく分離できない。[7] パートナーの期待は性行動に影響するだろうか？　これはすると思う、確実に。髪の色に対する文化的態度が、ベッドではっきり物を言い、自信を持ってふるまう許可のようなものを与えてくれているとしたら、より満足のいくセックスができるだろうか？　まちがいなく。パートナーから積極的な反応を引き出すよう期待されていたら、嬉しくなったり自身の性的魅力にもっと自信を持てたりするだろうか？　あなたはどう思う？[8]

そして、フェロモンが果たす役割もある。私たちが腋の下や性器の周りの体毛を失っていないのは、その体毛がフェロモンの放散を助けるからだと考える理由がじゅうぶんにある。赤毛の人の場合、そうしたフェロモンが伝えているメッセージのひとつが健康である。これも連れ合いにはとても望ましい資質だが、あいにく、赤毛とはなんの関係もない――赤毛はただの目じるしであり、ちがいを生むのは白い肌と、ビタミンDを作り出すその力なのだ。

　私たちが必要とするビタミンDの大部分は、紫外線を浴びることに応じて、皮膚で作られる。けれども、北へ行けば行くほど、１年のうちでビタミンDが生成されうる日数が少なくなり、消費のために体内でビタミンDが分解される日数は多くなる。そしてビタミンDが不足すると、いずれはあらゆる機能が止まってしまう。こうして、グリーンランドのハージョルフスネスに入植したヴァイキングは悲惨な末路をたどった。

　ハージョルフスネス（現在のイキガイト）は、赤毛のエイリークの追随者、ハージョルフ・バールドセンにちなんだ名称で、９８５年に発見された。そこは住むには適さない過酷《タフ》な場所だったが、ヴァイキングは頑強《タフ》であることこそが取り柄で、入植地の見つかった地点は、アイスランドやノルウェーからも旅してきた船が最初に着岸した場所だったので、そこで共同体が繁栄していったはずだった。だが、そうはいかなかった。その共同体はあっけなく消えた。長年のあいだ、消滅をもたらしたのは先住民のイヌイットだと考えられていた。しかし１９２１年、考古学者らがハージョルフスネスの遺跡を調査し、教会その他の建物の残骸と、寒冷地ゆえに状態の保たれた無数の墓を発見した。[9] ハージョルフスネスは、雪に覆われたタリムだ。

　墓のなかの遺体は、哀れな衰退の顛末を語っていた。屍衣は継ぎを当てて使いまわされ、棺も同様だった。埋葬された者たちは見るからに短身だった。発掘の報告書には、死者の多くがまだ若かったことが悲哀をこめて記されていて、こんな注記もある。〝著しく多数の女性が、痩せて弱々しい体つきをしていた――肩幅も胸囲もせまく、腰の細い者もいた。何人かには骨盤の変形、脊柱側湾、左右の下肢の強度とサイズが大きくちがうといった、くる病の症状が見られた〟。彼らの歯は、固い植物性の食物を摂っていたせいですり減っていた――数世代にわたって飢餓状態にあった人々だ。ヴァイキングの入植者も、イヌイットのようにアザラシを狩ったり魚を捕ったりする必要があったのだが、そう気づくころには、衰弱してその体力がなくなっていたと推測されている。天候は過酷さを増した。生まれる子供は減っていった。生まれてきた者たちも若くして死んだ。ノルウェーからやってくる船は途絶えた。共同体は緩慢な肉体の衰えによって死に絶えた。いやむしろ、殺されたのだ――北極圏の長い冬と、イヌイットが肉の豊富な食事で免れていた、ビタミンDの欠乏に。最後のヴァイキングの遺体は、1540年にイヌイットが発見したと伝えられている。住まいの床の上で、ひとりきりで死んだ男のかたわらには、〝ひどく磨耗して用をなさなくなった〟鞘入りナイフが転がっていたという。

この話はためになるだけまだいい。しかしビタミンDの欠乏は、ある種のがんや、高血圧、循環器疾患、糖尿病、多発性硬化症、慢性関節リューマチ、過敏性腸症候群、歯周病などの自己免疫疾患のリスク増加に関係があるとされている。くる病を防ぐその役割は、1930年代から知られていた。種々のがんに苦しめられるほど私たちがみな長命になる前の時代、それは当時の最も恐ろしい死病、結核に対抗する備えの武器だった。じゅうぶんなビタミンDは、免疫系を総合的に強化してくれる。だから、あなたが赤毛でしかも肌が白いなら、あなたのフェロモンがたしかに伝えているメッセージのひとつは、健康体であり、回復力で強化された免疫系に恵まれているというメッセージなのだ[10]。

白い肌はまた、洋の東西で、女性の美しさの属性として何世紀も重んじられてきた。白い肌が想起させるものには、隠遁、隔離、ラプンツェルの塔、そしていくらかは、所有もある。それは汗水流してパン代を稼ぐ必要がないことを意味していた。つまるところは、イスラム教国の後宮、ハレムだ。ところが男性だと、白い肌が伝えるメッセージはまったく異なり、それも赤毛にこれほどの性差がある理由のひとつではありそうだ。一方の性ではとても好ましいとは言わずとも悪くはないと見なされる特徴が、もう一方の性では好ましくないとされるのは、多くの文化が古くから女性の美しさの属性と見なしてきたものを、赤毛で肌の白い男性が示しているからである[11]。男性の白い肌は、軟弱者《ミルクソップ》（文字どおり、牛乳に浸したパン）――外の世界へ出て仲間たちと歩んでいくことができない腰抜け――の属性と考えられるものだ。だが現実には、人口全体でも希少であることを踏まえて推定すると、企業のＣＥＯは予想をはるかに超える割合で赤い髪をしていることが、２００６年の研究で判明している。この結果は、幼少期から赤毛のせいで受けるからかいやいじめを克服してきたことが性格に与える影響について、多くを語っているかもしれない[12]。とはいえ、このゆがんだ人間社会で、ある事実が矛盾を含んでいるからといって、人はそれを信じるのをやめるだろうか？　いや、やめはしない。

それにしても、髪にまつわる多くのことには性差があり、男性と女性とでは正反対になる。聖パウロはコリントの信徒への第１の手紙にこう記した。〝男が長い髪をしていたら、それは男として恥ずかしいことであり、女が長い髪をしていたら、それは女の光栄であるということです。

（新改訳第3版）〟。社会学者のアンソニー・シノットは、１９８７年の研究「恥と光栄 Shame and Glory」で、両性間の矛盾の例を次のように列挙している。男性の体毛は好ましく思われ、女性の体毛はそうではないのは、それが〝男性の〟特徴と見なされるからで、ゆえに女性は大変な手間をかけ痛い思いをして脱毛をするのだ（これは、本来の白くて女性らしい肌を見せたいという願望とも何か関係があるのだろうか？）。神聖な場所では、男性は帽子を脱ぎ、女性は帽子をかぶる。男性はめったに髪型を変えない――半ズボンを穿いた少年だったころと大差ないヘアカットをしていたり、それがまた自分の前に父親がしていたのとほぼ同じ髪型だったりもするが、これはまったく普通のこととして認められている。一方女性は、はるかに頻繁に髪型を変えるが（シノットはことのほか説得力ある例を挙げている――ディナーに出かけるためだけに髪型を変える男性を最後に見たのはいつ？）、これは女性にとってまったく普通のこととして認められている。男性の髪の規範は不変の画一性に寄っている――シノットが例に引いているのは、ジョン・F・ケネディが50年前にしていたのと同じヘアカットをした男性が今日でもまったく目立たない一方で、ジャッキー・オナシス（元ケネディ夫人）みたいな髪型の女性はあえてレトロにしていますと主張しているふうに見られることだ。女性は自分の髪を個性的に、目立つようにしたがる。だから女性にとって、赤毛の目につきやすさと珍しさは、その人の強みになる（どうりで赤系のカラーリング剤が市場であれだけ大きなシェアを占めているわけだ）。それはまったく同じ理由で、男性にとっては完全な弱みになる。これもまた、赤毛が一般的にはもちろん、赤毛に生まれた男性の多くにも好ましいと思われない隠れた要因なのだろうか？　赤毛がその男性たちの適応力を打ち消すから？　最後に、シノットは——赤毛のＣＥＯの数に関する英国の調査とはまた別の——米国で１９７９年に実施された調査を引き合いに出している。こちらでの発見は、赤毛の女性が取締役タイプと見なされているというものだ——頭はいいけれど現実的で、異性にとっては少々おっかない（まさにスカリー捜査官だ——『Ｘ－ファイル』はこの洒落に支えられてシリーズを展開していた）。一方、赤毛の男性は〝いい人だけれど女のよう——臆病で気が弱い〟と見られる。まるで男性と女性がいつものステレオタイプをそっくり交換したかのようだ。

赤毛の男性がどこか女々しいと言われる理由は、たぶんもうひとつある。これもやはり、赤毛特有の化学組成に起因する。赤毛の人はブロンドやブルネットの人よりも痛みを感じやすい。というより、赤毛の私たちは同じ量の痛みをずっと強く感じるため、私たちを眠らせるにはずっと多くの麻酔薬が要る——私の話した麻酔医や外科医たちは、一般的な目安より20％も多く使っているそうだ。なぜそうなるのか、赤毛の人のあいだではどれだけの個人差があるのか、特定の痛み（たとえば熱によるもの）に対する耐性はより高いのか低いのか、どういう麻酔薬を受けつけないのかについては、ご想像のとおり多くの議論がある。赤毛の人はほかの髪色の人より出血しやすい——これはただの風説だ（赤毛は出血しやすいと、少なくともひとりの外科医が事実として口にするのを聞いたこともあるけれど）。赤毛の人はほかの髪色の人より痣ができやすい——これもまた風説で、肌が白いと痣がよく目立つという事実から生まれたようだ。けれども麻酔薬がたくさん要るというのはたしかで、赤毛の私たちはみな、子供のころ歯医者で麻酔の効きが足りないまま治療された恐怖のエピソードを持っている。それだけに、赤毛の人は歯科の予約を守ることや、注射を打たれることや、子供なら、もつれた髪をぐいぐい梳かされるのが苦手なことで有名だ（そういえばドガの《髪結い》の気の毒な娘さんも、梳かされている髪の根もとをしかめ面で押さえている）。だが逆に言うと、私たちにとって普通のレベルの痛みは、ブロンドやブルネットの人の多くを涙ぐませることになる。ただ、それで身につく我慢強さは、進化上の交換条件としてはひどくお粗末だと私には思える。髪が赤いことの、こんな不条理でつらいおまけがいったいなぜ存在するのだろう？　赤毛の人は、寒さにもからきし弱く、赤毛でない人には余裕で耐えられる気温でも苦痛を訴える。これも逆を言うと、香辛料がたっぷり入った〝激辛の〟食べ物を私たちは苦もなく食べられるのだけれど。マドラスカレーソースやスコッチボネットペッパーは、赤毛の人にとってなんの脅威でもない。また、ウェブサイトでよく取りあげられる説に、赤毛の人はことさら難聴にかかりやすいというものがある。赤毛は脆弱角膜症候群と関係していて、赤毛がひとつの目じるしとなるものには副腎機能不全があり、これは早発性肥満と関係している(14)。

赤毛の人の場合、髪そのものさえ面倒の種になることがある。毛髪は、爪の成分と同じケラチンでできていて、その性質はその色と同じく、毛嚢《もうのう》の形状と毛嚢内の色素を生成する細胞によって決まる。それ以前に、なぜ人間には毛髪が生えているのか、なぜ生えている部位と生えていない部位があるのか、なぜこれほど多種多様でなくてはいけないのかについての議論もまだ活発におこなわれている。赤毛の人の頭髪の本数は平均して約９万本で、ブロンドやブルネットの人に比べて少ない。王女メリダのコンピュータで描かれた赤い髪は１５００房で、これは本物の髪でいうと11万2000本に相当するので、平均よりもだいぶ多い。ただし、そのウェーブは天然でなければおかしい。赤毛のケラチンには、ほかの色の髪より多くの硫黄成分（最大で2倍量）が含まれていて、そのせいでパーマがかかりにくいのだ。赤い髪にはジスルフィド結合が多く、パーマをかけるためにはそれを破壊する必要がある。美容師の腕や本人の希望を容《い》れない赤毛のこの反抗的性質は、18世紀にはもう知られていた。ムシュー・フランソワ・ド・ガルソーは、1767年の著書『かつら製作者の技術 *Art of the Wigmaker*』でこのように説明している。〝スイスとイングランドから届いた別の種類の付け毛もまた売れた。これは布と同じように野晒しにして退色させた赤毛で、そのことから「フィールド・ヘア」と呼ばれている。きつく縮れてはいないので、まっすぐでなめらかな髪を卒業する用途には最適だ。くれぐれも――〟と彼は注意する。〝もともと縮れた髪にこれを足さないこと〟。赤毛に言うことを聞かせたければ、断固たる姿勢を見せなくてはいけないのだ。そうそう、その髪色のせいで、赤毛の人は普通よりはるかに蜂に刺されやすくもある。[15]

　赤毛の人の体内の化学組成に起こっている奇妙で特異なつながりは数多くあり、ジョナサン・リースが言うには、まだ底を打ってはいない[16]。まず、MC1R遺伝子内には予想もつかないほどの多様性があり、結果として赤毛となる潜性遺伝子が両方の染色体上に存在する、完全に同型の変化（言うなれば、完全な赤毛）と、それが一方の染色体上にしか存在せず、部分的にしか発現しない異型の変化（結果として共顕性となり、茶色の髪にそばかす、茶色の髪に赤い顎ひげといった形で現れる）とのあいだで揺れ動いている。ロッテルダムのエラスムス大学医療センターの皮膚科医、ティム・ウェンテルは、400もの異なる遺伝的可能性がありうると示唆している。16番染色体上のMC1R遺伝子は、もはやコードの唯一の音というわけではないのだ。4番染色体上で、HCL2遺伝子が奏でるパートもある。[17] 2つあるところにはもっとあると考える人もいるかもしれないが、赤毛のDNAがその螺旋からほどかれ、ラベルをつけて平たく広げられるような発見がほぼ無限に待ち受けている証としては、メラネシアの人々を挙げるのがいちばんだろう。

メラネシア人であることの最初の定義は、18世紀にその地域を探険したヨーロッパ人によって示された。いまもまだ、メラネシアの島々の境界とするべき場所についても、その言葉が地理的・文化的境界のどちらを指すのかについてさえ、何も定められていない。それでも、その島々に暮らす人々にとって、かつては服従や侮辱のにおいがした〝メラネシア人〟という言葉は、肯定と権能を表す語になっている（赤毛のみなさん、心に留めて）。そしてソロモン諸島では、人口の5～10％が、濃い褐色の肌を持つとともに、シナモン色がかったショウガ色から脱色したような黄色まで、よく目立つさまざま色合いのアフロヘアをしている（図29）。これについてはいくつもの説明がなされてきた――太陽光と海水による自然な脱色だとか、食事の影響だとか、初期のヨーロッパの探検家の遺伝的遺産だとか。ところが2012年、それを引き起こしたのは、また別の特殊な潜性遺伝子であることが判明した。MC1Rから完全に独立した、世界のどこでも発見されていなかった遺伝子だ。その確認に漕ぎつけた遺伝学者のショーン・マイルズは、それを〝収斂進化のきわめて貴重な一例〟と呼んだ。ここでは、同じ結果がまったくちがった方法によってもたらされている。[18] シャーロック・ホームズとジェイベズ・ウィルスンならすべてお見通しだっただろう。

残念ながら、そうした最近の遺伝的発見にはあまり喜ばしくないものもある。先史時代から変わらず、発見のあとには多くの推測と論争が続く。それに振りまわされないためには、科学という慎重な言語を見つめてさえいればいい。ともかく、赤毛に生まれると、できれば避けたい副次的影響を被ることがあるのはたしかだ。

その顔ぶれのなかでもいちばんの悪役はメラノーマだ。いまでは私たちのだれもが知るとおり、メラノーマは、とりわけ攻撃的な形態の皮膚がんで、皮膚からほかの臓器へ広がる悪性の腫瘍である。このメラノーマや、ほかのいくつかの疾患について考えられるひとつの科学的説明は、赤毛の人は免疫系は強靭であるにもかかわらず、そのDNAはほかの髪色の人のそれより脆弱で自己修復力が低く、ゆえにメラノーマのような損傷細胞に発生する疾患にかかりやすい、というものだ。その証拠に、赤毛と、メラノーマと、2つの深刻な疾患――ひとつはパーキンソン病、もうひとつは子宮内膜症――とのあいだにはつながりがあり、メラノーマは両方の疾患が作る三角形の1点をなしている。もっとも、この三角形のどこが原因でどこが結果なのかはだれにも断言できないのだが。

パーキンソン病は、中枢神経系の変性疾患である。その原因は遺伝的なものとも考えられ、この病気が出現したのには、頭部の外傷と、ある種の農薬に晒されたことが関係している。この不穏な相互関係は、パーキンソン病をひとつ目の円、メラノーマを2つ目の円、赤毛を3つ目の円とするベン図で表せる。[19] メラノーマの歴史は、パーキンソン病発現のリスク増加と〝関係して〟

いる。ＭＣ１Ｒ遺伝子変異体はメラノーマのリスク増加と関係している。あなたの髪の色が明るいほど、パーキンソン病にかかるリスクは同等に大きくなるので、明るい髪色でしかも赤毛の人は、すべてのリスクが最大に——髪色がいちばん暗い人と比べてリスクが3倍に——なる。パーキンソン病はまだまだ珍しい病気だとはいえ、どれもこれも気の滅入る事実だ。メラノーマの発病は、パーキンソン病の治療によく使われるレボドパ製剤による副作用かもしれないと一時期は考えられていたが、悪玉の有力候補としていま名指しされているのは、ＭＣ１Ｒの対立遺伝子Arg151Cysである。４００はあると推定されるＭＣ１Ｒ遺伝子の変異体のことをここでまた持ち出しても、たぶん理解の助けにはならないので、そこはどうか気にせずに。

同じくらい邪悪な三位一体が、赤毛と、メラノーマと、もうひとつの免疫系障害、子宮内膜症の発現とのあいだにも存在する。これは、子宮（子宮内膜）に並んでいるのと同様の細胞が、腹腔のほかの組織でも増殖しはじめ、まだ子宮内にいるかのように月経周期に合わせて膨張・出血することで、激しい痛みをもたらす疾患である。米国の大学の女子卒業生３９４０人を対象とした２０００年の研究では、グループ全体のなかの6・98％が、程度の差はあれ、子宮内膜症患者であると報告された。しかし、グループに１２１人いた赤毛の人のなかでは、この割合が12・4％にあがり、またもやメラノーマの発病増加との相関関係が証明された。あるいは、その研究者らの言うように、〝赤毛の女性は、子宮内膜症とメラノーマのあいだにある関係を共有している……当然ながら、さらなる調査が必要だ〟（そうでしょうとも）。そしてまた、このつながりの一部は、ＨＣＬ２遺伝子が4番染色体上、つまり血栓の形成に必要なタンパク質フィブリノゲンの遺伝子クラスターの近くに存在するという事実と深くかかわっていそうだとの推測もなされた。[20] まるで赤毛の人には、日光を避ける理由がもっと必要だとでも言うように。

ところで、赤毛と血液と月経出血との因果関係は、赤毛は母親の生理中に宿ったしるしだという昔からのそしりはもちろん、やはり赤毛を子宮の疾患と結びつける古代のアーユルヴェーダ医学をも思い起こさせる。およそ3000年の歴史を持つアーユルヴェーダ医学は、人間の体質を4つの体液によって分類するギリシアの病理説と明らかに同種のものであり、こちらもほぼ有史時代を通して、すべての西洋医学の基本となってきた。ギリシア人は4つの生理学的体質を認めていた――人間は多血質、胆汁質、黒胆汁質、粘液質のいずれか、またはそのうちのいくつかが組み合わさった体質で、各体質は体内の4つの体液――それぞれ血液、黄胆汁、黒胆汁、粘液――のひとつが司っている（この四体液説の起源はさらに昔の、古代エジプトか、ことによるとメソポタミア文明にまで遡る）。これとはちがい、アーユルヴェーダ医学には3つの性質《ドーシャ》しかなく、赤毛の人はたいてい、情熱的、勇敢、敏感、同情的――すべてプラスの意味――と特徴づけられる火《ピッタ》に分類される。女性の持つピッタ・ドーシャは、体調と子宮の健やかさを司り、子宮内のバランスが崩れると体調に現れる。このとおり現代の西洋科学は、伝統的な非西洋医学が何世紀も信じてきたものを裏づけているのだ。ふたたびアーユルヴェーダ医学によると、赤毛の人は、欲求不満に陥りやすく、怒りっぽく、傲慢で短気な傾向があり、体調の悪いとき、それは湿疹や皮膚炎となって肌に出る。赤毛の人はいわゆる〝アトピー〟体質であることも珍しくなく（私はまちがいなくそう）、おまけに花粉症などの厄介なアレルギーにもなりやすい。

赤毛の最も古いステレオタイプに、激しやすいというのがある。これもまた、遺伝子型と表現型をどう区別するかだ――子供のときにからかわれたあなたが、思わず怒りだすことはじゅうぶん考えられる。もし私のように、赤毛でない子たちより抵抗なく腹立ちを表せると気づいたなら、そのふるまいはより派手なものになる。しかし現在は、MC1R遺伝子がアドレナリン生成にも役割を果たすと考えられており、赤毛の人はアドレナリンを多く作り出すだけでなく、その作用が身体に出るまでのスピードも速いと言われてきた――つまり、赤毛の人はほかの人より急速にかっとなるということだ（恐怖／逃避反応において）。1947年に学術誌《刑法と犯罪学 Journal of Criminal Law and Criminology》に寄稿したハンス・フォン・ヘンティッヒも、疑いなくそう考えていた。彼は1800年からのアメリカ西部の無法者の歴史をたどり、19世紀初頭にオハイオ渓谷を恐怖に陥れた〝ビッグ・ハープ〟（〝燃えるように赤いごわごわの髪〟をしていたらしい）から、ワイルド・ビル・ヒコック（〝赤茶色の長髪をがっしりした肩まで垂らしていた〟）まで、幅広い例を挙げている。フォン・ヘンティッヒはそのリストに、赤毛のならず者のサム・ブラウンとジェシー・ジェイムズも加え、そうした男たちの外見は、髪の色で目立っていたからこそ記憶にとどめられたと推測している。これは〝彼らは赤毛のやつらみたいにふるまったから、赤毛だったにちがいない〟という耳にタコのできた話にもちょっと聞こえるたぐいの論理だ。しかしフォン・ヘンティッヒは、〝赤毛であることはまた、運動神経支配の加速性としばしば結びついている〟とも述べている。これは医学的に言うと、赤毛の人は常に興奮が高まった状態にある、という意味になりそうだ。それについては私はよくわからない――けれどこの人たちはみな、早撃ちのガンマンだった。

そしてこれを鑑みてか、意味ありげなことに、科学はごく最近、赤毛とトゥレット症候群とのつながりを探りはじめた。

トゥレット症候群は、軽いチックや衒奇《げんき》症状（奇矯なわざとらしいふるまいをすること）から不随意に猥褻語を吐くことまで、驚くほど複雑にからみ合った症状を呈する疾患である。モーツァルトがおそらくこの病気であったと考えられている。専門的には、慢性で特発性の精神神経障害にあたり、特記しておきたいのは、現状では原因としてはっきり除外できるものがほぼ何もないということだ。２００９年、この病気と診断されたばかりの13歳の息子を持つオーストラリアの小児科医、ケイティ・スターリン・レヴィは、トゥレット症候群の学会に出席したとき、会場にいる赤毛の人の数に驚きを隠せなかった――というか、一科学者として冷静に受け止めようにも、〝代表が多すぎる〟状況だった。トゥレット症候群の遺伝のパターンは常染色体潜性である。すなわち、赤毛の場合と同じく、その疾患を生じさせるには、遺伝子のコピーが２つ存在しなくてはならない。その結びつきの強さを試すべく実施された調査では、２〜６％という人口に占める標準的な平均値に比して、トゥレット症候群の患者ではその13％が赤毛であることが明らかになった[21]。トゥレット症候群の患者の半数以上に、ひとりかそれ以上の赤毛の親族がいた。また、注意欠如・多動性障害《ADHD》と活動過多もトゥレット症候群と関係しており、何人かの小児科医はさらに、白い肌／赤い髪の表現型と活動過多とのあいだにもつながりがあるとの結論を引き出し、物議を醸した。子供か大人かを問わず、活動過多は（数ある症状のなかでも特に）衝動的で場ちがいなふるまい、気分の変動、次々に湧き起こる不安、興奮の渇望を特徴とする。ハリウッド黄金期の主演俳優のひとりで、生まれつきの肌の色が紛れもなく小麦色でありながら大成功した数少ない俳優のひとり、スペンサー・トレイシーは、子供のころ活動過多だった。活動過多の症状の多くが、詩人のアルジャーノン・スウィンバーンのふるまいに見られていたのも驚くべきことだ。

スウィンバーンは1837年に生まれた。母親はアシュバーナム伯爵の娘で、スウィンバーンの赤毛はなんと、あのヘンリー8世に由来する。裕福な家族は彼を名門イートン校に入れ、そこで彼のいとこのリーズデイル卿が、スウィンバーンについての意地の悪い覚え書きを残した——

父親と母親のあいだに立って、不思議そうな目で僕をじっと見ている彼は、なんとひ弱なちんちくりんに見えることだろう！　……その手足は小さく華奢で、そのなで肩は巨大な頭を支えるにはひどく頼りなく、その頭の大きさを強調しているのは、ほとんど垂直に立った見苦しい多量の赤毛だ。英雄崇拝者たちは、その髪は〝金色の光輪〟だったのだと言っている。そのときにはもう金色でもなんでもなくなっていた。それは見紛いようもなく、詩的でもないニンジンの赤、目が痛いほどの、派手な赤だった……彼の顔立ちは小ぶりで美しかった……肌はとても白い——不健康な白さではなく、ある種のバラの花びらに見るような、透きとおるような白さだ……とにかく、あの学校での日々の彼について僕が思い出すのは、面白くて、愛すべきちんちくりんの姿だ。(22)

その面白くて、愛すべきちんちくりんは、長じてその詩でロンドンの文壇を騒がせ（正確には、現存する最も完成度の高い数篇、それも、含蓄に富み、官能的で、倒錯した、1860年代のヴィクトリア朝絶頂期の風格漂う主題で）、ほどなくそのふるまいでロンドンの社交界を呆れかえらせる。[23]

スウィンバーンの震えの止まらない手足は、子供のころに〝緊張による活力過剰〟と診断されていた。大人になってからは、自分が注目の的になるためには手段を選ばなかったようだ——ロセッティの家で階段の手すりを素っ裸で滑りおりるという行為に及んだのも、多くの奇行のひとつだった。スウィンバーンは瞬く間にアルコール依存とアヘン常用の両方に陥り、ホモセクシュアルを装った（オスカー・ワイルドによると、スウィンバーンのゲイ探知能力は完璧だったようだ[24]）。現代の医学的所見では、彼は出生時にいくらか脳を損傷していた可能性が高く、おそらく水頭症だったと考えられている。ことにひんしゅくを買ったのは、1868年7月10日に、大英博物館の図書閲覧室で卒倒したことで、その出来事は新聞で知れわたった。彼は今日の、自虐ネタで知られる赤毛のコメディアン、キャロット・トップと似たような役割を果たしていたかもしれない——変わり者に徹し、あわよくば、それで生計を立てる——ただ、大西洋のどちらの側でも、そういうことをしない赤毛の男性のイメージはどうだったのかが気になるところでは？　それはほぼ、みっともないイメージのようだ。

遺伝科学はいずれ、私たちの想像力の及ばぬところをめぐる謎の多くを解き明かすはずだ。20世紀初頭に発見が報じられた、カナダ北部のコロネーション湾の〝ブロンドのエスキモー〟が本物かそうでないかは、なんらかの方法で判別されるだろう。近隣の漢民族とかなりちがう、タリム盆地のミイラの再現された顔は、そのゲノムと関連づけられ、彼らがヨーロッパ人なのかアジア人なのか、その両方が一体化した人種なのかについての憶測をきっぱり終わらせるだろう。ブディノイの首都は突き止められ、いまは地理的に、大森林と大草原のあいだと詩に記された地域に住むウドムルト人は、遺伝的に同じ地域を確実にあてがわれるだろう。彼らの言語はその最後のフィン・ウゴル語の秘密を明かし、ジョン・マンローはひとつは正しいことを述べていた――〝そばかすのある白い肌、緑がかった目、燃えるような赤い髪は、フィンランド人とリュー人、その他バルト諸国の高地の人々の持つ特徴である〟――と知って、より安らかに眠れるだろう。カイロの南、ファグ・エル・ガマスのはずれにある約100万体のミイラの巨大な墓で、ある区画にはブロンドの人々が、別の区画には赤毛の人々が埋葬されていたようなのはなぜか、そもそも1～7世紀のエジプトに存在したそのブロンドや赤毛の人々は何者なのかという疑問に答えが与えられるだろう。[25] そして(この場合はどれがとりわけ簡便かの比較になるだろうが)、死後に土のなかの酸や、菌や、細菌によって腐食した髪の色が生前に本物の赤毛だったのかを容易に識別する方法が見つかるだろう。太平洋南東部のイースター島の石像モアイの頭に帽子状の赤い岩滓《スコリア》が載っている理由が明らかになり、それらと1860年代までその島で根強く続いていた赤毛の〝鳥人〟崇拝とのつながり(またはつながりの欠如)も説明されるだろう。イースター島の歴史と伝説は想像もつかない量が失われているけれど、赤の使用が、何世紀も前から太平洋を眺めていた赤い頭の石像群となんらかの形で関係していると見ないのは難しい。ニュージーランドへの最初のマオリ人の居住者が、すでにそこに住んでいた白い肌と緑の目と赤い髪を持つ先住民、ンガティ・ホトゥを見つけていたという驚くべき可能性も、なんらかの方法で確認されるだろう。[26] そうすれば私たちは、マオリ人研究の先駆者のひとり、エドワード・トレギア（１８４６〜１９３１年）がポリネシア語を話す人々のあいだで赤毛を表す多くの言葉を見つけた理由の解明に近づけるかもしれない――

サモア語の efu は赤茶色。タヒチ語の ehu は赤色または砂色、roureuhu は赤みを帯びた、または砂色の髪。ハワイ語の ehu は赤色か砂色の髪、赤らんだ、血色がいい、ehuhiahi は夕焼け、ehukakahiaka は朝焼けまたは若さ……マルケサス語の hokefu は赤毛を意味する。[27]

そしてついには、長く変形したパラカスの頭蓋骨に残っていた赤銅色の毛髪と、頭蓋骨自体と、その仲間も、知られざる研究室で検査され、『インディ・ジョーンズ／クリスタル・スカルの王国』（２００８年）の夢想の世界からこの小さな青い地球へ戻されるだろう。

小さいころ、といっても村の学校で赤毛なのは自分だけだともう気づいてはいたころ、私はほかの赤毛の子の多くがしてきたように、自分をケルト族の祖先と結びつけた。私にはきっとアイルランド人の血がたくさん、おまけにスコットランド人の血もいくらか流れていて、赤毛はそこから受け継いだのだと自分に言い聞かせた。母は自分の家族がアイルランド人の血を引いているとぼんやり考えていて、父の家名はユーアトとコリスで、その片方はまちがいなくスコットランド系の名前だし、もう一方もスコットランド系であるはずだと、物事をすっきりさせたい私は決めつけた。だって、赤毛の人には漏れなくスコットランド人かアイルランド人の血が流れているんでしょう？　すっきりしない真実の上によどみないきれいな筋書きをかぶせようとしない物書きが、どうにかして自身のアイデンティティを書きなおすことからはじめない物書きがいたら、ぜひ教えてほしい。とにかく、私はケルト族が自身のルーツだという考えが気に入って、そのせいで自分は友人たちとはちがっていて、自分の敵よりどこかしら優れているのだと思っていた。そして反論してくる人はいなかった、見てわかるとおり、私はそれを裏づける赤い髪をしていたから。けれども、毎日が驚異の連続であるこの時代、もちろんいまは、DNA検査キットを使ってそれらの仮定の正否を調べることができる。だから私はもう知っている——私はどうやらケルト系では100％ないこと、イングランド北部に集中している私のハプログループは、46％が英国系、38％がヨーロッパ系（中心となるのはスイスだとか——ほんとに？）、13％が北欧系（外見からするとノルウェー系）、そして3％が中東の東部であることを。私はあのウル（古代シュメールの都市、現在のイラク南部）の赤毛の人と大差ないのだ。

　地球上のほとんどだれもが、中東起源のDNAをいくらか持っている。私たちはそこから来たとは言わないまでも、そこに痕跡を残したわけで、そのハプロタイプはまだそこにあるだろう。ノルウェーとイングランド北部は、ヴァイキングを介してつながっている。スイス、これは見当もつかない。ただ、その解析をした企業によると、この一企業のデータベース上では、同じくDNA検査を受けた27ページぶんの人々と、私はなんらかの形で遺伝的に関係しているそうだ。これはそう聞こえるほど啓示めいたことではない——ほんの6世紀ほど時代を遡れば、そこにはいまヨーロッパで生きている全員と関係のあるヨーロッパ人のだれかがいるのだから。そして当然ながら、その企業の解析は、27ページぶんの人たちの何人が赤毛だったかは教えてくれない。しかしここには愉快な矛盾がある——ちがいを測定することではじまる科学が、私たち全員に兄弟姉妹を作ることに行き着いているのだ。

つまりそれが、細胞や祖先の積み重なりからとらえた私というわけだ。けれども、赤毛の人間としていま生きていることに関して、そのあらゆる意味を整理するのに必要なのは、科学の厳密さではなく、その他すべての緩慢さなのである。

第7章 流行の気まぐれ

このひどく虐げられた色合いに対しては、根深く不可解な偏見があるが、予期せぬ流行の気まぐれがいつかその状況を変えることはじゅうぶんありうる。

『女性の民俗学』（T・F・シセルトン・ダイアー／1905年）

秋はいつも変わらない――日が短くなり、空は灰色で、夕方は薄暗く、夜は長すぎる。柵沿いに積もった落ち葉が足の下でザクザクと音を立て、それらが姿を消すと同時に、色が北半球から消える。私たちの前にも祖先がしてきたように、目は色を渇望し、赤毛の女神たちで墓を彩って私たちをよみがえらせ、陽光のもとへ連れもどす。11月の英国の至るところで燃え立つかがり火やきらめく花火は、ガイ・フォークス（歴史作家のアントニア・フレイザーによると、〝赤茶色の豊かな髪をして、垂れた口ひげとたっぷりした赤茶色の顎ひげを生やした、長身でたくましい男〟）と火薬の樽が土壇場で見つかり、火薬陰謀事件が失敗に終わったことを祝うばかりでなく、諸聖人の祝日やハロウィン、ヒンドゥー教の灯明の祭ディーワーリ、メキシコの死者の日、スコットランドの大晦日、騒ぎ放題の古代ローマの農神祭の名残をとどめるものでもある。私たちはみな、ぬくもりと光に飢えていた太古の冬を思い、毎年秋には、その記憶を消し去るべく、染めたての赤い髪を見せびらかすセレブリティでレッド・カーペット（そこしかないでしょう！）を埋める。《ヴォーグ》誌のこんな見出しのように――〝神話となり、悪魔となり、賛美の的となる――ニンジン《キャロット》色から緋色《スカーレット》まで、すべての色合いが謎めいた魅力を放つ〟[1]。系統的でもなんでもないリストに並ぶのは、順不同で、ジェナ・マローン、キルスティン・ダンスト、エイミー・チャイルズ、モデルのスキ・ウォーターハウスとカーリー・クロス、エイミー・アダムス（赤毛にするメリットの優れた代弁者）、ソフィア・ベルガラ、ボンドガールも務めたオルガ・キュリレンコ（ここ数カ月赤毛にしているの……まちがいなくいままでより男性の視線を浴びているわ）、ケイティ・ペリー、ケイティ・イエーガー。ケイティ・ホームズはずっと赤毛に憧れていたと発言して、世間をはっとさせている。一方、〝赤毛のアンデッド〟というキャラクターにも喜ばしいひねりが加わり、映画『トワイライト』サーガでヴァンパイアのエドワードを演じる俳優、ロバート・パティンソンの暖色の髪が注目を集めている。赤毛ほど目を引くものはないのだ。

だれもが知るとおり、私たちは赤という色に引きつけられる。赤を着たウェイトレスはチップを多く稼げると言われている。男性は赤を着た女性をより魅力的に感じるようにできている。女性は赤い背景の前に現れる男性をより魅力的に感じるようにできている。そしてもちろん、ハリウッドその他のセレブリティ産業には説明の必要もない、色香で惑わす赤毛の妖婦も昔からいる。けれども、メディア企業〈アップストリーム・アナリシス〉の示唆するところでは、私たちが赤毛に魅了される理由はもうひとつあるらしい。目を引いて見る者の心をとらえるのと同様に、〈アップストリーム〉社によると、その珍しさが、褒美を求める本能を刺激し、目新しさに最も敏感な脳の中心部を興奮させるそうだ。[2] 変わったものを見ると、私たちはそれに近づきたくなる。それをよく調べるなり、どうにかかかわりを持つなり、直接ふれるなりしたくなる。要するに、私たちは赤毛の価値を認めているのだ。〈アップストリーム〉社の結論としては、だからこそ、実際の人口に占める割合はわずか（ゆえに注目に値する）2〜6％あたりだというのに、赤毛のキャラクターを使ったテレビ・コマーシャルが全体の3分の1にものぼるのだという。赤毛ほど目を引くものがないのなら、それをもってして売れないものもないように思えるのだろう。

世界じゅうのすべての赤毛の子供のすべての母親は、見ず知らずの人にわが子の髪をどうこう言われるとか、ひどいときは勝手にさわられるといった経験をする。赤毛で育つ子供は、その赤い髪が決して自分のものではないかのように——地肌からそれを生やしている当人ではないかのように——感じることがある。赤毛で育つことをひどくややこしくする、多くの事柄のひとつがそれだった。グラント・マクラッケンはこうも述べている——〝赤毛の人は便利な台座、メッセージの媒体、その色の伝達者になる〟。やはり、赤い髪がほかのすべての印象を弱めるのだ。人々は髪しか見なくなる。だれもが持っていて、他人が許可なく入ってこない私たちの周りの見えない領域、通常のバリアは、あなたが赤毛であれば存在しないし、まだ子供なので望みを尊重してもらえない（ただでさえ逃避反応が鋭く、アドレナリン生成のすばやい赤毛の子供が、そういうことに耐えているのだ。だから今度あなたが癇癪を起こしたくなったら、私はこう言うしかない――冷静に〝頼みなさい〟と)。アン・シャーリーと遭遇したときのレイチェル・リンドのように、人があなたの髪のことを話題にしたりとやかく言ったりするあいだ、あなたは、自分はそれを帽子か何かのようにかぶっているだけだという顔でそこにたたずんでいる。そしても し、赤毛の人の多くがそうなるように、成長するにつれてこれにうんざりしてきたら、そして自分の体を思うままにできるようになったら、あなたはその赤い髪をばっさり切るか染めるかするはずだ。それは非道な行いのように思える――まるであなたが変えたものがほかの人たちの所有物で、それを故意に傷つけたかのように。これらは赤毛でない人の世界においてはなんでもない行為であり、こうした特異性もまた、〈アップストリーム〉社がいいところに気づいているたしかな証拠である。

そして私たちは、自分が価値を認めるものの真似をしたがる生き物である。人類は千年のあいだ、ヘナ、クルミの汁、サフラン、赤ワイン、代赭石《たいしゃ》、硫酸、藍や大青《たいせい》で髪の色を変えてきたが、20世紀になって、最初の市販のカラーリング剤がまったく新しい産業を生み出したうえに、染めた髪に対する社会の反応に大変革を起こした。あるイメージを真似るには真似る相手が必要ということもあり、これと歩調を合わせて、というよりニワトリが先か卵が先かというタイミングで、ハリウッドの映画スタジオと契約した女優たちの容姿と装いの一新がはじまった。そのいずれも、マクシミリアン・ファクトロビッチ、よく知られた別名マックス・ファクターの存在なしには起こらなかった、いや起こりえなかっただろう。

マックス・ファクターの人生は、それ自体をまさに映画にできそうだ。かつてはロシアの帝室付きのヘアドレッサーで、初期の職業生活をほぼずっと護衛つきで行動していたほど重用されていた彼は、皇帝の承諾を受けていなかった結婚の事実を隠すべくロシアから逃亡した。モスクワを出る許可を得るために、化粧を駆使して黄疸の症状を偽装した。１９０４年、妻と年少の家族を連れてアメリカにたどり着いて早々に、彼はセントルイス国博覧会で蓄えのほとんどを相棒にだまし取られたうえ、家の戸口にはろくでなしの異母弟ジョン・ジェイコブが現れた。禁酒法時代にはギャングの一員〝ジェイク・ザ・バーバー〟となり、一度は文字どおりモンテ・カルロで胴元をつぶしたいかさま師だ。そんな事情ゆえ、マックスは転々と住まいを移しながら西へ向かい、１９０８年にロサンゼルスにたどり着くと、ハリウッドの映画エキストラが扮装に使うかつらのレンタル業をはじめた。そのうちエキストラの化粧も手がけるようになった。そのうち映画スターの化粧も手がけるようになった。そしてマックスは〝メイクアップ〟という言葉を生み出した。驚くほど短い期間で、マックス・ファクターの名前とハリウッドの華麗さはほぼ同義語となった。１９３５年、彼は〈マックス・ファクター・メイクアップ・スタジオ〉を開設し（この〝スタジオ〟もハリウッドのそれに呼応している）、併設のサロンで、色の組み合わせを法則化したそのメイクアップを提供した――〝ブラウネット（茶色の髪の女性）〟（このタイプは流行に乗りそびれた。マックス・ファクターがマーケティングを誤った珍しい一例である）にはピーチ、ブルネットにはピンク、ブロンドにはパウダーブルー、そして赤毛にはミントグリーン[3]（図30）。ジンジャー・ロジャースによって正式に設けられた赤毛専用ルームのなかは、ミントグリーンに塗装された。マックスが考案した、今日もなお赤毛の人につきまとう色の組み合わせだが、かのマリア・オーキーならまちがいなく異論を唱えただろう――〝赤い髪と合わせていつでもしっくりくる色といえば、緑でしょう（薄い緑ではない。その色を着るといいのはブロンドの女性だけだ）〟。ともあれ、マックスの成功は失敗をはるかにしのいでいる。彼が生み出したスタイルには、クララ・ボウのハート形の唇や、ジーン・ハーロウのプラチナブロンドがある（例の革新的カラーリング剤に抵抗のある人が、ハーロウばりの蠟燭の炎の白色を再現するには、週に一度アンモニアとクロロックスの漂白剤とラックスのフレーク石鹼で洗髪しなくてはならない）。そして、いつごろとは特定しがたいのだが、噂によると、リタ・ヘイワースの流れ落ちる赤銅色の巻き髪もマックスが考案したらしい。

ハリウッドに光彩を添えた赤毛の美女はたくさんいるけれど、没後30年近く、その早すぎる引退から40年以上を経ても、〝ハリウッド〟と〝赤毛〟を同時に語るとき、だれもが真っ先に口にする名前はリタ・ヘイワースである。2番目は〝ギルダ〟、同名の映画でリタが演じた役で、「プット・ザ・ブレイム・オン・メイム」を歌いながら、ステージ上を身をくねらせて歩く、麗しくあでやかな女性だ。肘まである手袋と同じ黒いサテンのドレスは、実物のリタ・ヘイワースが身にまとうのに、コルセットとそれを固定しておく隠しベルトを必要とした。3番目に挙がる名前はもちろん、ルシル・ボールだ。デブラ・メッシングやクリスティーナ・ヘンドリックスにとても似合っていた赤毛が生まれつきのものではないように、リタもルシルも天然の赤毛ではないが、それは問題ではない。4人とも、そしてほかの多くの赤毛の女優も、今日の私たちが持たれたり、与えたりする赤毛のイメージの一部をなしている。なかでもリタ・ヘイワースとルシル・ボールが特別なのは、この2人がモノクロの映像のなかでそれをやってのけたからだ。『ギルダ』が撮られたのは1945年で、映画産業はテクニカラーの目新しさと古き良きモノクロとのあいだでまだ揺れ動いていた。ルシル・ボールのテレビ番組（そのエンドクレジットには〝メイクアップ担当　マックス・ファクター〟の表示が）の放送開始は1951年だった。カラーテレビは——あるいはカラーの番組は——1960年代半ばまでいくらも存在していなかった。あれから私たちは何マイルを走り抜けてきただろう。

ここに一考に値する事例がある。1941年、キャリアの絶頂期に近づきつつあったリタ・ヘイワースは、2本の映画に出演した。1本はテクニカラー作品の『血と砂』、闘牛と自信過剰が最悪のコンビを組んだ教訓物語で、対する1本はモノクロ作品の『いちごブロンド』だ。彼女の伝記を手がけたバーバラ・リーミングによると、『血と砂』では、ある種の気まぐれな性衝動を持ち、男を激しく誘惑するドーニャ・ソルという上流婦人を、自身も〝エキゾチックな〟メキシコ系の血を引くリタが演じている[4]。この映画のプロデューサー、ダリル・ザナックはもともとその配役にキャロル・ランディスを希望していたが、ランディスが作品のために髪を赤に染めるのを拒んだので、リタにその役がまわってきた。こうした経緯は、テクニカラー作品ならではの美意識（髪の色がちがっていたらそれで失格）に重きが置かれていたことをうかがわせる。エル・グレコやゴヤ、ベラスケスといったスペイン画家の作品を思い起こさせる舞台装置《セット》も然りだ。けれどもドーニャ・ソルというキャラクターに関しては、よく考えられた印象を受けない。この人物は、ベッドの支柱の刻み目を増やしたいという衝動のほかには、何も駆り立てられるものがないように見えるのだ――駆り立てられている姿は世にも美しいのだが。『いちごブロンド』でも、リタはまた上流婦人の役だが、今度はそのアメリカ人版というところで、語り口と類型化にやや引っかかる点はあるものの、よくできた映画だ。配役リストがスクリーンに出てくると、ジェイムズ・キャグニーは〝ビフ・グライムス〟と役名で、オリヴィア・デ・ハヴィランドは〝彼に憧れる娘〟と紹介される。だがリタの名前が出てきても、その下の行には〝うーん……〟としか書かれていない。彼女はストーリーを持つ役柄ではなく、ただ観客の舌なめずりを誘う役柄なのだ――人間ではなく、情欲を体現するシンボルとして。

　最後に、行き止まりということについて論じたい。ギルダのイメージはさまざまな映画に用いられてきたけれど、結局のところ、それ自体がパロディになるまでどんどんセクシーにしていく以外に、セックス・シンボルの扱いようがあるだろうか？　映画『ロジャー・ラビット』（１９８８年）で、〝私は悪女じゃない、ただそんなふうに描かれているだけ〟の台詞で知られるジェシカ・ラビットがスクリーンに登場した時点で、私たちは行けるところまで行ってしまった。赤毛の女性とセックスとの関係はとことんワンパターンになったため、現在の広告はそのメッセージを伝えるための体すら必要としなくなっている。２０１２年、米国のマットレス会社〈スリーピーズ〉が、蒸し暑いニューヨークの夏にも涼しく眠れるというふれこみで、ジェル注入型マットレスの商品ラインを発表した。広告イメージに選ばれたのは、輝くような白の羽毛布団と枕、それらに埋もれた豊かな赤い巻き毛の女性の頭だ。見えているのは女性の髪と耳だけ。〈スリーピーズ〉社が添えた惹句はひとこと、〝お暑いのがお好き？《ホット・イン・ベッド》〟だった。あなたにもわかってきたのではないだろうか――〝男はみなギルダとベッドに入って、私と目覚めるの〟というリタ・ヘイワースの悲しいつぶやきの意味が。赤毛の私たちがみなベッドで熱くなるわけではない。私たちがみな、いつでも、そうなりたいと望んでいるわけでもない。何世紀もはびこりつづける類型化や社会的・性的な決めつけ、何十年も進歩しない広告は、あなたに寒気を催させるものにあふれている。

では、映画『いちごブロンド』は、リタ・ヘイワースと共演したスター俳優、ジェイムズ・キャグニーの赤毛を同じように宣伝の呼び物にしただろうか？　いや、していない。こうした潮流のなか、赤毛の男性たちはどこにいたのか？

キャグニーは１９３０年代から大スターの座に君臨していて、興業者のリンカーン・カースティンは彼を、〝ちびで赤毛のアイルランド人で、すぐにかっとなり、ひょうきんで、怒りを隠さない……読み書きも怪しい下位中流階級の……ミック（アイルランド人の蔑称）だ〟と評し、音楽誌《Ｌ・Ａ・レコード》は〝赤毛のバワリー・ボーイ（ニューヨークの場末のバワリー街にいそうながさつな若者）……激しやすい性格だが、ケルト系らしい温かい笑みを見せる〟としている。[5] 後者の評の、あからさまなほうではなく、もう一方の描写の〝だが〟のあとにほのめかされた点に着目してみよう。私たちは、彼の既存のイメージ上の欠点――赤毛はそのひとつにすぎない――を無視して、キャグニーに好感を持ち、憧れるよう誘導されている。私たちは赤毛に目をつぶることになっているのだ――現に、『いちごブロンド』の宣伝ポスターに描かれた彼の髪は茶色である。ただ、異論はあろうが、キャグニーのキャリアと彼が演じた役柄は、喧嘩っ早いアイルランド野郎《パディ》で、暴れ癖のある肉体労働者という19世紀の紋切り型のケルト系から、20世紀の小粋な都会の獣へという変貌を遂げている。もっとも、キャグニーが映画で扮するのは多くの場合アウトローで、必要とあらばいつでも惜しげなく、憎めないケルト系の魅力を振りまくのだが。エロール・フリン（ちなみに、生涯栗色の髪だった）が出てきたころには、ほぼずっと、何をしでかすかわからないアイルランド人という路線で俳優人生を歩んでいくこともありえた。それでもやはり、私たちはその赤という色《ティント》、いや汚点《ティント》に目をつぶることになる。系統的でもなんでもないリストをここでもうひとつ――エリック・ストルツ、ユアン・マクレガー、デイヴィッド・カルーソ、ルパート・グリント、ダミアン・ルイス、ベネディクト・カンバーバッチ。サイモン・ペッグは地毛は赤ではないと言っている。マイケル・ファスベンダーは嬉々としてジンジャーヘアのヴァイキングを自称しているが、文句を言う筋合いがあるだろうか？　ただ、リタやルシルやデブラやクリスティーナとちがって、これらの俳優はだれひとり、世に出る手段として髪を赤に染めたりはしていない。逆にベネディクト・カンバーバッチは、だれもが知るシャーロック・ホームズ役で、もったいないことに、ほぼ真っ黒に髪を染めた――なぜもったいないかと言うと、赤毛のまま演じることができて、それがふさわしいキャラクターがもしあるとしたら、エキセントリックで、知性に富み、型破りで、はみ出し者のシャーロックを措《お》いてほかにないからだ。写真家のトマス・ナイツは、２０１４年の写真集『レッド・ホット１００　*RED HOT 100*』で、赤毛の男性たち――目もくらむほどの美男ばかりだ、文句なしに――を撮影するかたわら、赤毛で生きてきてどんな経験をしたかをモデルたちに語らせていて、そのうちのひとりは、赤毛であることよりゲイであることをカミングアウトするほうがたやすぐ感じたと告白している。最後の大きな社会的偏見のひとつである赤毛について、その逸話は何を語っているのだろう？

またもや、女性にとっては別という話になるが、ここにもうひとつの矛盾がある——人は女性にするのと同じように外見で男性を判断したり評価したりはしない。だから赤毛の男優が、そのイメージメーカーの巧みな操作で赤毛につきまとう類型化を避け、それに対抗し、すっかり好感を抱いた私たちにその髪の色を意識させない一方で、赤毛の女性は、人目があろうとなかろうと、いまだに拘束服並みに強固なステレオタイプに縛られているのだ。大人の場合、それは単に、リタ、スカリー（捜査官）、ルシルという3つの選択肢のいずれかを選んで身に着けるかのような感覚になる。ルシル・ボールがいなければ、選択肢はたった2つになっていたかもしれない。

ルシル・ボールは独力で、赤毛の女性のタイプに3つ目の現代的な変種を生み出した。コメディドラマ『アイ・ラブ・ルーシー』で彼女が演じるのは、20世紀初頭の児童文学の愛嬌ある赤毛の少女に倣《なら》ったような変わり者のキャラクターだが、今度は大人の女性の体に入っている——ショービジネスに憧れる主婦で、放送中には愛用の〝ヘナ・リンス〟のことを嬉しそうに語り、当てにならなくて何をしでかすかわからない、だけど人間味があって現実にいそうで、だからこそ憎めない人物だ。実生活で、ルシル・ボールのその特徴的な髪色を生み出した専属のヘアデザイナーは、〝この髪は茶色とも言えるけど、魂は燃えてるのよ！〟と強調していた。撮影現場にいないときのルシルは、過去に例を見ない、賢明で肝の据わった映画会社の女性重役のひとりだった。当然、男性優越主義や悪口雑言の報いは受けたけれど、魂を燃やしていれば、その赤毛に隠れた実務能力はだれにも負けないと彼女は知っていた。とすると、ずいぶん皮肉なことだが、ルシルはみずからが生み出したルーシー――お調子者で、頭が弱くて、愛すべき欠点がある――として記憶にとどめられ、以来、多くの女優に同じ系統のキャラクターが受け継がれていった――たとえば、デブラ・メッシング演じる『ふたりは友達? ウィル&グレイス』のグレイスや、アリソン・ハニガン演じる『ママと恋に落ちるまで』のリリー・アルドリン――どちらも、自分がなりたいものと現実の自分とのギャップが笑いを生んでしまう女性だ。そして元祖のルーシーは、欠点だらけで、心が温かくて、人間らしいからこそ、主婦や、母親や、どこにでもいる女性が身近に感じる存在だった。カラーリング剤は、普通の女性をリタ・ヘイワースに変えるような奇跡を起こしはしない。1950年代に連載漫画で大人気だった、赤毛の『記者ブレンダ・スター *Brenda Starr, Reporter*』のような野心的なキャリアの足がかりをくれたりもしない。けれど、もう少し親しみやすい美しさのルシル・ボールに近づけてはくれるだろう。それに私たちはルーシーが髪を染めてメイクアップをしているのを知っている、彼女が番組のなかでそう言っているから。アン・シャーリーが髪を染めたときのマリラおばさんみたいに、大げさな反応(なんて罰当たりなことを!)をされることはもうない。ルーシーが髪を染めていいなら、それはどんな女性にも許された。彼女の特徴的なヘアメイクは、大西洋をも渡って私の両親の居間の、靴箱サイズのテレビ画面にやってきた。そして需要が導くところには、かならず広告マンがついてくる。ただしこのころには、広告マンのなかには女性もいた。そうした女性のひとりが、シャーリー・ポリコフだった。

1955年、広告代理店の〈フーティ、コーン＆ベルディング〉で働いていたポリコフは、〈クレイロール〉社の宣伝担当となり、家庭で使える高品質なカラーリング剤のキャッチコピー〝彼女は（ヘアカラー）してるの、してないの？〟を生み出した。[6] ちょっと天才的なこの広告のとりわけ面白いところは、1908年ブルックリン生まれのポリコフがユダヤ人で、そのコピーの元になったのが、ユダヤ人ママの口癖〝彼女はそう（ユダヤ人）なの、そうじゃないの？〟（手ぶりも添えれば完璧）だということだ。こうしてひとりの強い女性がほかの世代を導き、女性たちの髪とのかかわりを永久に変えた。ブロンドやブルネットや赤毛になりたければ、とても自然な仕上がりの家庭用カラーリング剤を使えばいまはそうなれるし、キャッチコピーにあるように、染めていることもばれない。では、なぜ髪を染めるのか？　私にはその価値があるから——この分野では2つ目の画期的なキャッチコピーだ。

広告担当重役のもうひとりの女性、イロン・シュペヒトが1973年に〈ロレアル〉社のために考えたそのオリジナル・バージョン、〝私にはその価値があるから〟は、今日〈ロレアル〉が採用している、もっとほのぼのして、もっとぼんやりした、みんな仲間よ、という変形バージョンとは一線を画している。〝私たちにはその価値があるから〟は、1970年代に熱い舌戦が交わされたフェミニスト討論から何歩も進んだものだ（1990年代の「あなたにはその価値があるから」という変形も経ている）。もちろん私たちにはその価値がある。それを自分でわかっている。

ひとたびそのボールが転がりだすと——その製品が作り出され、家庭で自由に、とても簡単に、とても当たり前に、ハリウッドのスターもしているみたいに髪を染められるようになると

――古くさい非難はすっかり消えた。年間2500万ドルの市場規模だった産業が、2億ドル産業に化けた。1970年に〈ロレアル〉が販売していた赤系のカラーリング剤は2色だったが、1989年には16色に増え、〈レッドケン〉は29色、〈クレイロール〉は43色を展開するまでになった。実のところ、全世界のスーパーマーケットと薬局の棚から赤系のカラーリング剤が1年に売れる数は、ほかのどの色よりも多いと推定されている。

『ロジャー・ラビット』に登場するジェシカ・ラビットは、リタ・ヘイワースと、また別の1943年のキャラクター〝小さな赤毛の火の玉、レッド・ホット・ライディング・フード〟とのあいだで祖先を共有している。後者は赤い髪を片目の上に垂らし、フィギュアスケーターの衣装ばりに露出の多い真っ赤なドレスを着て、キャサリン・ヘプバーン風の上流階級のアクセントで話すキャラクターだ。『レッド・ホット・ライディング・フード』はいまも史上最高のアニメーション短篇映画のひとつと考えられていて、監督のテックス・エイヴリーは、内容の一部を検閲官に咎められたものの、結局そのままの上映を許されるという特例措置を受けている。問題となったのは、ナイトクラブの色事師のオオカミ（同アニメのおばあちゃんはこのオオカミと結婚してパーク・アヴェニューの欲情した主婦になる）が主人公のセクシーなダンスに少々興奮しすぎる場面だ。レッド・ホット・ライディング・フードは、現実のハリウッドの伝説的女優で見事なブロンドのラナ・ターナーに心酔している、という設定でもあった。映画のなかで、ブロンドの女が悪女になったところを見せたいなら、彼女を赤毛に変えればいい。1932年の『赤毛

の女 *Red-Headed Woman*』でそれをされたのが、ほかでもない（ブロンドがあれだけいるなかの）ジーン・ハーロウである。その映画で終始真っ赤なかつらを着けているハーロウの役は、家庭を壊し、恐喝し、不貞を働き、殺人をも犯そうとする、要は、〝罪深い赤毛の女〟のチェックボックスほぼ全部にレ点をつけたようなキャラクターだ。同じ変貌が今日でも『X－MEN』で用いられている——レイヴンがレイヴン自身であるとき、彼女はブロンドだが、悪役のミスティークに変身すると、その髪は赤銅色になる。

これは、リリスにはじまる赤毛の女性の一バージョン——赤毛の悪女——である。この場合の赤毛は妖術と超自然的なものの目じるしで、昨今ではその2つを混ぜ合わせたなかに実存的不安がひとつまみ加えられる。おそらく、最も孤高にして麗しい赤毛の悪女のひとりは、1866年にウィルキー・コリンズが生み出した、ヴィクトリア朝ミステリ『アーマデイル』（ウィルキー・コリンズ傑作選6　横山茂雄訳／臨川書店／2001年）のリディア・グウィルトだろう。リディアは妖婦の原型のような女であるうえに、ヴァンパイアの永遠の若さも何かしら盗んでいるようで、35歳という薹《とう》が立った年齢で（ああ神さま）、自分よりずっと若い男たちを誘惑する。コリンズは執筆当時42歳だった。この小説は死の床にある殺人者の告白で幕をあけ、1860年代の基準ではあるが、そこからさらに煽情的になる。コリンズはそのアンチヒロインをこのように紹介する——

すばらしく豊かに伸びたこの女の髪は、北部の人々の偏見が決して完全には許さない、目の覚めるような、とんでもない色合いだった——赤である。

決して完全には許さない？　描写はこう続く——

すぐさま目を引く力強くも繊細なその眉は、髪より色合いが暗く［赤毛の人ならだれでも、赤毛の眉は色が薄いので肌と同化してしまうというジレンマを知っている。だがリディアは完璧だからそんな悩みとは無縁なのだ］、きらきらして大きく見開かれたその目は、混じりけのない青色をしていた……その肌は彼女のような髪が映える肌だった——バラ色を帯びてかすかに明るく、温かみのある柔らかな白のゆるやかなグラデーションをなして額と首に至っている。

これに続く描写で、彼女の額や目や首と同様に口と鼻にも言及されるが、想像のなかでリディアの外見を描き終えたあと、コリンズはきっと、満足げに息をついて休んだことだろう。リディアは毒そのものだが、その犠牲者が喜んでそれを飲み干すタイプの毒であり、コリンズの筆は彼女のあらゆるディテールを愛でている。リディアは資産家の結婚相手を探して誘惑する女で、おそらく重婚者で、殺人者で、最後には自殺者となる。これぞ赤毛の悪女で、彼女らは比類なく美しく、ことに妖艶という意味では常に危険な存在だ。

エドヴァルド・ムンクの１８９３年の作品《吸血鬼》は、画家自身が《愛と痛み》と題していたのだが、その絵を鑑賞した一般の人々が、恋人のうなじに鼻をすりつけ、赤い髪をふたりの体に血のごとく垂らしているその女をひと目見るなり、画家に代わって改題をした。ほかにも、グスタフ・クリムトが１９０１年のウィーンで描いた壁画《ベートーヴェン・フリーズ》で、〝肉欲〟を象徴する赤毛の女性がいる。その女の両腿のあいだでカールしている長い赤毛は、５００年前にボッティチェリがはるかに控えめなポーズに描いた赤毛のヴィーナスに、呆れるほど露骨な性のにおいを加えていて、彼女は首を傾け、貪欲なまなざしで鑑賞者を品定めしている(図31)。ベヴィス・ウィンターの１９４８年の小説『赤毛の女は毒 *Redheads Are Poison*』のハードボイルド探偵アル・ランキンは、赤毛のメイジー・テューナム（重婚者でもある）と出会う――〝その真っ赤な髪は、誘惑に屈せぬようばかな男どもに警告を発したほうがいい……〟。ベヴィス・ウィンター本人はオーストラリア人で、英国の優雅な海辺の保養地ホーヴに住んでいた。同じ真っ赤な髪の系統には、毒を含んだキスを武器にバットマンにもひるまず立ち向かう、ポイズン・アイビーがいる。また、ドラマ『デスパレートな妻たち』のブリー・ヴァン・デ・カンプさえもこれにあてはまる。主婦としても母親としても完璧で、家は隅々までぴかぴか、ヘアメイクにも一分の隙もない――そしてその生活を守るため、同じくらい完璧な意志をもって罪を犯す。ブリーの赤い髪は、この女性が見かけどおりではまったくないと視聴者に示す手がかりになっている。

言うまでもなく、変貌は逆方向にも使える。赤毛の人を従順にさせたいなら、その髪をブロンドにすればいい。オーソン・ウェルズが、リタ・ヘイワースをタイトルロールのエルザに選んだ１９４７年の映画『上海から来た女』でその手法をとっている。これは冷酷な暗黒映画《フィルムノワール》で、オーソン・ウェルズ映画の多くと同じく、作品自体を分析するところにいちばんの面白さがある。ウェルズがなぜ、周りの男たちを手玉にとる女性に赤毛はふさわしくないと考えたのかは謎である。ウェルズ独特の流儀において、既存のステレオタイプを無視して別のそれを作りなおすことに関心があったのだろうか。それとも、こちらはあまりいただけないが、ヘイワースとの結婚生活が破綻しかけていたその時期ゆえの、支配心の現れだったのか。だが、同じことをした女優はほかにもいる――ジリアン・アンダーソンはスカリー捜査官役から解放されて以来、赤毛を地毛のブロンドに戻したままでいる――キャリアの邪魔になる特定のキャラクターのイメージを断ち切るには秀逸な方法かもしれない。クリスティーナ・ヘンドリックスも『マッドメン』に別れを告げるために同じことをした。ニコール・キッドマンも、巷の多くの赤毛の女性にとっては悲しいことに、ここしばらくはブロンドの役を要求している。赤毛からブロンドへ、ブロンドから赤毛へと切り替えるこのトグルスイッチは、ほんとうに便利だ。1989年にはディズニー映画でも採用された。『リトル・マーメイド』のアリエルには、1984年の映画『スプラッシュ』でダリル・ハンナが演じたブロンドの人魚、マディソンとのちがいを出すため、赤い髪が与えられた。変種としては、1960年代のコメディドラマ『ギリガン君SOS』で、ジンジャーとメアリー・アンという相反する女性のタイプを、ひとりは赤毛、ひとりはブルネットという形で示している。

これにはもちろん、議論がある。要するに、男性優越主義者の極論なのだが――女性が髪型や、髪の色や、口紅や、冬のコートを変えるのは、これを身に着けなきゃ、こうならなきゃ、こうしなきゃという広告産業による最新の押しつけになすすべなく従っている証拠だ、というものだ。

私の見るところ、もっと力強い議論もある――自身の外見（特に体）を思うままにすること、それにまつわる選択の自由を持つことは、この地球上のすべての人の生活の一部になるべきで、それは進展しつつある女性の性の解放と、赤毛の人を含むかつてのマイノリティの多くの解放にもつながっていく、というものだ。

何年か前、私はウクライナの、1853～6年のクリミア戦争の中心地だったことで知られる、セバストポリという町に2週間滞在した。セバストポリの大部分は、その戦争が終わってまだ間もない残骸であるかのように見えた。どう見ても、腰を据えて暮らすにはかなり厳しい場所だ。ほぼ毎晩、停電していたが、これは母なるロシアがスイッチに指をかけていることをウクライナの人々に思い出させるだけのためだ。ユシチェンコ大統領が、国民の前に久々に姿を見せていた。何者かがダイオキシンでの毒殺をもくろんだために、膿疱とできものの跡が残ってはいるが、以前と変わらず重量級でカリスマ性のある人物だ。男性のあいだでいちばん人気のファッションは、手指の関節と膝まで丈のある黒のビニール製のピーコートだったが、それを着ていると彼らはみな、ソ連国家保安委員会《KGB》の下級官吏のような見た目になる（西欧の旅行者の一団のなかから私が見たかぎりでは）。セバストポリの若い女性のあいだではるかに人気のファッションは、元気を出すためのクランベリー色か標識灯《ビーコン》のように明るいオレンジ色の髪と、マックス・ファクターが泣いて喜びそうなプロ級のレッド・カーペット仕様のメイクと、身に着けた女をマリリン・モンローばりに気取って歩かせる、めまいのするようなハイヒールのブーツとペンシルスカートだった（モンローのストロベリー・ブロンド人生がはじまったのは、1949年の有名な〝レッド・ベルベット〟カレンダーの一連のショットからではないかと言われている)。この熱狂的な女らしさのパフォーマンスで、彼女たちは歩道の深い穴や道路の敷石のはずれた箇所を注意してよけながら、赤やオレンジのつややかな球《オーブ》をひょこひょこさせて通りを歩いていく。話を聞いてみると、それは明らかに、生きることとの不安や困難さに抗うべく彼女たちが選んだ方法だった。終戦直後のヨーロッパの、配給に規制され灰色にくすんだ世界で、クリスチャン・ディオールが〝ニュー・ルック〟として形を与えた究極の女らしさと同種の激しさを、そうやって表現していたのだ。そしてもし、あなたが可能なかぎり力強く女性をアピールして、最高に女らしくなろうとするなら、選ぶべき髪の色は赤だろう。ウクライナ人の多くはタタール族を祖先に持ち、暗い色の髪をしている。持っているものと反対のものをほしがるのが人間の性《さが》なので、彼女らは髪色を何よりブロンドにしたかっただろうと思うかもしれないが、この場合はちがう。セバストポリの女性たちにとっては。彼女たちにとって赤は、女性であることとの誇りと、負わされた運命への抵抗と、ひとりひとりの結束を表明できる唯一の色だった。オレンジも赤も、完全に選ばれた色(どちらも、自然界にあるどんな色とも見まちがえる恐れがない)であり、ゆえにこの女性たちには、それらの色を選ぶ自由のみならず、それらに物を言わせる自由もあったと言えるのだ。セバストポリの赤毛の女たちにとって、赤は強さと力を得るための色だった。

シャーリー・ポリコフの〈クレイロール〉向けの広告に、ともに赤毛の母親と娘が登場するものがあった。母親の染めた髪が娘の地毛に劣らず自然に見えるというのが主旨だが、母子の赤い髪は、見る人に家族の絆を認識させる。映画『つぐない』（2007年）の結婚式の場面では、監督は教会の片側のほとんどを赤毛のエキストラで埋め（淡いブルーのスーツを着て、死んだ動物の皮を片方の肩にかけ、英国空軍《RAF》の制服姿の凛々しい夫と並んでいるのが私だ）、これがストーリーの鍵を握る赤毛の双子の一族だとわからせる省略表現とした。赤毛の人が2人一緒にいると、なんらかの血縁関係があるはずだとかならず思われる。ミネラルウォーターのエビアンは、

〝若々しく生きる〟キャンペーンの最近の広告のひとつにその認識をうまく利用し、肌が白くて不安そうな顔つきをした赤毛の青年と、肌が白くて不安そうな顔つきをして、オレンジ色の巻き毛をバタンインコみたいに逆立てた赤ん坊を対にしている。映画『アバウト・レイ 16歳の決断』（2015年）で娘と母を演じたエル・ファニングとナオミ・ワッツもその一例で、天然の赤毛のスーザン・サランドンが祖母の役で2人に加わっている。もっと時代を遡ると、ロセッティがリジー・シダルとアルジャーノン・スウィンバーンを連れて劇場に行ったときの逸話がある。プログラム売りの少年は、リジーの青白い顔と何よりその赤毛を見て、すでに落ち着きを失っていた。そして列の端まで行ってスウィンバーンに出くわすや、まずいことに抱えていたプログラムを床にぶちまけ、金切り声をあげた――〝もうひとりいる！〟。赤毛の私たちは予期せぬところに出没するので、赤毛でない人たちは、私たちがみな仲間どうしだとか、ある意味でみな家族にちがいないと思っておくのがいちばん楽だとさえ感じるようだ。このことは、赤毛に対する態度の最近の変化について、興味深いヒントを与えてくれる。

2011年、世界最大の精子バンク〈クリオス・インターナショナル〉（なんとも皮肉なこと

に、赤毛の多い国デンマークを本拠としている）が、赤毛のドナーからの預け入れ（同社の表現どおり）はこれ以上受けつけないと発表した。これに着想を得たイタリアの写真家マリナ・ロッソは、写真で表した48種類の赤毛の行列《マトリックス》を作成し、『美しい遺伝子 *The Beautiful Gene*』（２０１４年）として出版した。精子バンクの顧客によく使われる基準に則って配列された、ロッソによる無機的な人物写真が、どのページからもこちらを見返してくる――いずれもどこかしら左右対称でなく、どこまでも多様でありながら、並んだ試験管のごとくそこに存在する人類の顔だ。同じ時期に、歌手のテイラー・スウィフトが、上から目線だと叩かれた〝ジンジャー（の男性）ともデートするわよ〟との発言をしている（この発言の〝ジンジャー〟の部分を、髪ではなく〝肌の色が私とはちがう人〟に置き換えてみれば、どれだけ感じが悪いかわかるだろう）。けれども２０１４年に《コペンハーゲン・ポスト》紙が報じたところでは、〈クリオス・インターナショナル〉は、ＭＣ１Ｒ遺伝子保有者の精子の需要に応えるべく対策に追われているという。この逆転現象に拍車をかけたのが、ストレートかゲイかを問わず、パートナーの一方が赤毛で、血縁を感じさせる外見を持たせるために赤毛の子供を望むカップルが増えたことだった。とても素敵なことだ。しかしなぜ、赤毛に対する社会の反応が控えめに言ってもさまざまだった数世紀を経て、いまこの時代に赤毛が望ましいものになったのだろう？　日本のティーンエイジャーは、悪いとされていたものにその悪さゆえのよさを見出したけれど、それと似た珍しさへの興味にすぎないのか。それとも赤毛は、意気地なし、野蛮人、変わり者、魔女、インテリ女、セックスシンボルのどれでもない何かを表すようになってきているのか。

私たちの種族が直立歩行をして以来、自問しつづけてきたひとつの問いがある――私たちは何者なのか？　この時代になって、その問いも微妙な変化を遂げた。いまはこう問う――私は何者なのか？　メールやメッセージ、フェイスブックへの投稿、知人や会ったこともなく会うつもりもない赤の他人に向けたツイート、ブログへの投稿、個人のウェブサイト、ピンタレストやインスタグラム、アップロード、いいねとやだね、など多種多様な新しいコミュニケーション・ツールはみな、その答えを得るための試みの一部である。私たちが必要とするから、それらはそこにあり、利用される。私たちが周囲に築いたネットワークは、ある意味で、互いの広範囲にわたる遺伝的な結びつきを複製している。そしていま、地球をめぐりめぐって、昼も夜もやむことなく互いに言葉を投げかけ合うなかで、私たちはみな、自分のいいねとやだねそのものに価値を与えるべく、互いの行動を複製し、自分自身は分離した存在だと考えようとしている。

それは簡単なことではない。私たちはみな同じ映画を観て、同じ有名人とその生活の詳細を知っていて、同じ本や同じ物を持ち、同じ流行と一時の気まぐれにとらわれる。文化は、かつてはそうだったように私たちを特徴づけるものではなく、私たちを同質化するものになった。こうした背景に逆らって、赤毛は新しくて望ましい何かを表しはじめているのかもしれない。個性を、差異化を表しはじめているのかもしれない。たとえ20人の若い女優が染めたての赤い髪でレッド・カーペットを続々と練り歩いていようと、それを表すことはおそらくできる。異質な者やはみ出し者――社会の辺境、末端、野生種――と、歴史上深く結びついてきた私たちだから。

そしておそらく、その地位の変化は、赤毛の人たち自身となんらかの関係がある。

つまり、私たちはその方法を知っているのだ。1945年からの数十年で、私たちが何かの方法を学んだとすれば、それは偏見に真正面から立ち向かうことだ。あなたはこういう人間だと決めつけ従わせるためのステレオタイプをまずは把握する。そのマイナスの面を否認する。それらに戦いを挑む。激しやすいという赤毛の評判が、ここでは非常に便利に使える。自分のイメージとして気に入っている面は受け入れ、それを利用して前向きで希望の持てる何かを作り出す。赤毛の人のなかでも抜きん出た成功者で、洞察力に富み、控えめながら明敏な人物、コナン・オブライエンにとっては、それがテレビの司会業だった。赤毛の私たちの多くにとって、それはいじめられた子供時代から、自分のアイデンティティと遺伝的遺産を誇れる大人になるまでの人生の弧を描いている。

いや、せめてそうあるべきだ。近年、赤毛の子供が自殺に追いこまれるほどのいじめを受けていたという恐ろしい事件がいくつもあった。そんなことが続いてはならない。そもそも子供がその肌の色のせいで、宗教のせいで、自身か両親の人種のせいで、自身か両親の性別のせいで、いじめられる、ましてや死ぬなどということが許されるだろうか？　それを終わらせること、赤毛に向ける言葉や態度を人々にもっと意識させることが、トマス・ナイツの大反響を呼んだ『レッド・ホット100』プロジェクトの背後にある動機のひとつだった。赤毛の人は、みずから声をあげはじめてもいる。2000年、英国のエネルギー供給会社〈エヌパワー〉が、〝人生には選べない物事もある〟というキャッチコピーとともに赤毛の〝家族〟を出演させた広告を流したところ、山のような苦情が寄せられたが、〈エヌパワー〉はそれらを退けた。だがこれには続きがある。自身も赤毛であるエレノア・アンダーソンが、そのキャッチコピーに目を留め、赤毛に対する態度をテーマにした2002年の論文のタイトルに使用したのだ。ここで注目すべき点は2つある――まず、赤毛が論文のテーマになるべくしてなったこと、さらに、その悪評高い広告が、それが作られる原因となった態度そのものを強く非難するという別の目的で利用されたことだ。

赤毛を指す〝ランガ〟という差別語がいまも許容されているオーストラリアでは（なんだか赤毛の人よりもオランウータン《ORANGUTAN》の蔑称みたいだけれど）、レッド・アンド・ニアリー・ジンジャー・アソシエーション（RANGA）が同じ活動をしている。ピッチをあげていくと、2014年には〈バデリム・ジンジャー〉というオーストラリアのショウガ製品メーカーが、タイアップイベントとして〝オーストラリアで最高にホットなジンジャー〟コンテストを主催した。それは別目的での利用というよりステレオタイプの冷笑的な再利用だと言いたい人もいるだろうが、清新なことに、それは女性限定のコンテストではなかった。女性だけでなく男性のオーストラリア一ホットなジンジャーも選ばれた。赤毛をテーマにしたウェブサイトも豊富にあり、なかでも〝ハウ・トゥ・ビー・ア・レッドヘッド〟〝エヴリシング・フォー・レッドヘッズ〟〝ジンジャー・パロット〟といったサイトはオンライン商取引のお手本になっているし、あれよあれよという間にオンライン陳情のサイト、〝ジンジャー・ウィズ・アティテュード〟〝インジンジャーネス〟〝ジンジャー・プロブレムズ〟なども現れ、いずれも赤毛に対する偏見を覆すべくなかなかの健闘を見せている。少しずつ、態度は揺らぎはじめ、やがて変わりはじめる。2009年、英国のスーパーマーケット・チェーン〈テスコ〉が、サンタクロースの膝に赤毛の子がすわった図柄に〝サンタは子供たちみんなを愛してる。赤毛の子たちさえも〟という文章を添えたクリスマスカードを売り出したところ、世間の激しい抗議と困惑の声を受け、謝罪したうえにそのカードの販売も取りやめることになった。だからそう、態度は変わりつつあるけれど、そうすみやかに変わることはない。いわゆる〝ジンジャーイズム〟――赤毛の人に対する差別――は、醜悪な行為を表す、実に醜悪な言葉なのだ。

ここで問題になるのは、ジンジャーイズムが差別のように見えないことだ。差別ではないとも言える――少なくとも私たちがそう考えるのに慣れているような意味では。人種はまったく関係していないだろう。そして赤毛はたしかに目立つ、それはどうしようもないことなので、偏狭でぼんやりした認識しか持たない人たちには、あなたが自分自身に注意を向けさせることで、選ばれたがっているかのように見えてしまう(7)。また、赤毛はそれほど異質でもないため、私たちは見かけによらず危険だったということになる。私たちは既知の存在だ。肌の色は白い。肌の色のちがう2人の人間がいて、一方が他方を不当に扱っていたら、だれが見てもどういう状況かわかる。けれども赤毛の場合、いじめるほうといじめられるほうとを見分ける明らかな手がかりがないことが多い。髪の色だけだ。ただそれだけのちがいで、だれがほかの人間をいじめようとする？

ただ、何より著しい進歩はおそらくこれだ――赤毛の人はもはやただの2～6％の存在ではなく、社会のなかで疎外された存在でもない。赤毛の人たちはどんどん共同体を形成しつつある。ロシアにも、スコットランドにも、アイルランドにも、赤毛の祭りがあり、ついにはイスラエルでも、〝キャロット・キブツ〟（キブツはヘブライ語で集団の意味）なる、ぴったりな名前の祭りがはじまった。赤毛を誇るイベントも、米国のジョージア州ローム、オレゴン州ポートランド、シカゴ、ニューヨーク、テキサス州オースティン、そしてミラノ、英国のマンチェスター、カナダのケベック州モンテレジーにある。そうしたイベントは、赤毛の人のアイデンティティと価値についての新たな意識を育むとともに、自分たちにまつわる社会的、科学的、文化的知識を高めている。そういうイベントでは当然、仲間になる感覚や、結集する感覚、自負する感覚も芽生える。さほど遠くない未来に、赤毛の時代が来るという憶測もある——まさに、赤毛のルネサンスだ。そして、それらすべてのなかでも最大の祭りが、毎年9月、オランダのブレダで開催されている。

第8章 赤毛の日

髪は……個人と文化とのあいだに介在する……それは大きな衝突が起こる場だ
——役所や警察、両親、教会、仲よしグループ、非行グループ、ファッションリーダーはみな、自分たちの慣習を個人に押しつけようとする。
「支配の法則——赤、黒、金、栗色の髪 Taking Control: Hair Red, Black, Gold, Nut-Brown」
（ジュリエット・マクマスター／2002年）

子供の生活を彩っていたもの、漫画やピエロがいま、意志決定の信号になっている。
『ヘア・カルチャー』（グラント・マクラッケン／1995年）

ブレダの町は、アムステルダムの65マイルほど南、アー（Aa）川がマルク川と合流して広くなったところにある。オランダ語のブレド（Brede）が〝広い〟を意味するので、この町の名前はつまり、広いアー川（Ｂｒｅｄａ）というわけで、覚えやすいばかりでなく、河川の命名を指示する欧州経済共同体《ＥＥＣ》がこんな愉快な想像をめぐらす様子も思い浮かぶ――〝ことは、26マイル先で合流する別の川は、どんな名前をつけてもＢｂ川と呼ばれるだろうな〟。

その長い歴史のなかで、ブレダは売り買いされ、戦争に巻きこまれ、貢ぎ物として献上され、焼きつくされ、ベラスケスによって不朽の名声を与えられ、スペイン人に包囲された。１５９０年の奪還の折には、わずか68名のオランダ人軍勢が泥炭運搬船の積荷に隠れて町に侵入した。お察しのとおり、トロイの木馬作戦のオランダ人版だ。イングランド王チャールズ2世は亡命中のほとんどの期間をブレダで暮らし、１６６７年にブレダの和約に署名した。これによりイングランドは遠く離れたニューヨークを領地として得たが、貴重な収穫はそれぐらいだった。詳細は省くが、１７９５年にフランスの衛星国になった。１９４４年、ポーランド人兵士らが町を解放した。戦争の歴史はざっとそんなところだが、その解放軍を率いたマチェク将軍は、エディンバラでバーテンダーとなって赤毛の人たちとともに晩年を過ごしたのち、１０２歳で他界、いまはブレダに眠っている。ブレダの町は、チョコレート、レモネード、リコリスとビールで知られている。都市公園のファルケンベルフがあり、壮麗な教会グローテ・ケルクがある。いかにもゴシック様式らしい骨格を持ち、骨が皮膚から突き出ているかに見える透かし彫りや唐草模様の浮き彫りが施されたその建物は、地平線のないオランダの空の下で静かに朽ち果てつつある、灰色の大型厚皮動物だ。しかし、長く波乱に満ちた歴史を歩んできたブレダも、〝赤毛の日〟のようなイベントの舞台になるとは思いもしなかっただろう。

なんといっても、赤毛の人にとって、赤毛の人たちばかりに囲まれるというのはひどく奇妙な体験である。女優のジュリアン・ムーアが言ったように、赤毛どうしは互いの存在にめざとく気づく。私たちは同じ部屋にいるほかの赤毛にやたら敏感になっていて、互いに共犯者の視線を交わすことさえある――赤毛の目配せというやつだ。けれども、オランダの小さな歴史の町の真ん中に6000人余りの赤毛がひしめいている場合は、共犯者意識など生まれようもない。偶然からはじまったイベントにしては、悪くない発展ぶりだ。きっかけは、オランダ人画家のバート・ルーヴェンホルストが、ミューズとなってくれるモデルの募集広告を出したことだった。ルーヴェンホルストは赤毛を好み、赤毛の絵を描いている。2005年、ロセッティとクリムトの作品群に着想を得た一連の絵のために、赤毛のモデルを15人ほど募集したところ、150人の応募があった。150枚の絵を描くか、赤毛の祭りを開催するかの選択に迫られたルーヴェンホルストは、後者を選んだ。

そんなわけで私はこうしてユーロスターに乗って、ブリュッセル経由で最終目的地のブレダに向かっている。世界最大の赤毛の集まりに参加するために。セント・パンクラス駅（ロンドンから出るユーロスターの始発駅）でスーツケースのセキュリティ検査を通過してからずっと、私は同じ赤毛族の姿を探しているのだが、いまのところひとりも見かけていない。もちろん、赤毛が珍しいのはわかっているけれど。多く見積もっても人口の6％しかいない赤毛が6000人（〝赤毛の日〟の主催者から教えてもらった今年、1994年の予想参加者数）も集まるのなら、赤毛でない10万人ほどの集団に加わったスパイス程度にはなるだろう。セント・パンクラス駅の群衆のなかに、せめてもうひとりぐらいいてもいいはずでは？

どうやら、そうでもないらしい。代わりに私の車両に乗っていたのは、ブリュージュへ向かう陽気な60代のグループだった。彼らはやかましく楽しそうに会話している――ひと組が記念日で、別のひとりが誕生日、もうひとりは退職したばかりという4人組だ。クラッカーとパテとワインを持ちこんでいる。男性2人が、ブリュージュでどれだけチョコレートを喰らえば気がすむかな、と女性2人をからかえば、女性のほうはばか笑いでそれに応え、声を落として2人だけで皮肉を言い合う。男性はともに高級そうなベージュの装いで、女性はともにもっとカラフルだ――ターコイズブルーに、パープルに、コーラルレッド。

赤。私はふいに、グループの女王さまがヘナで染めた髪をしているのに気づいた。その声はひどくしわがれていて（煙草と、強い酒と、何度となく夫婦の舌戦に耐えてきたせいか）、それ自体が静電気を帯びていそうだ。彼女の口から出るどんな台詞も、どんな話も、最後が掻き消されて聞こえない。みながテーブルに身を乗り出し、旅の安全を祈るかのようにワインの入ったプラカップを高く掲げて笑い合うからだ。その隣の、淡いピンクとブルーの服を着て、まるい顔とまるい目をしたもうひとりの女性は、がさがさの声でぺちゃくちゃしゃべる真っ赤なオウムのかたわらにうずくまった、ブロンドのアヒルの子だ。私は無意識に心のなかでつぶやいている――〝赤は、支配の色〟

いちばん最近、たくさんの赤毛に囲まれたのは、『つぐない』の撮影でエキストラをしたときだ。大勢のめかしこんだ人たちが、テイクの合間のだれた時間をつぶすのに、帽子をかぶりなおしたり、口紅を塗りなおしたり、１９４０年代風のページボーイ（肩までの髪を内巻きにした髪型）にした髪を巻きなおしたりしていた。「あなたの髪、素敵ね」と背後から女性の声がした。ヘアアイロンを手にした彼女は、尿道を引き締めるぐらいにきつく髪の束をはさんでいて、周りではケーブルがラオコーンの大蛇のごとく床を這い、ハノーヴァー・スクエアの聖ジョージ教会にじわじわと入ってくる日差しを照明係が呪っていた。「素敵な色」彼女は続けた。「それは地毛なの？」ヘアアイロンを滑らせてはずす。「それにすごくふさふさ。赤毛の人ってみんな髪がふさふさでいいわね」私は訂正しかけた――いえ、髪がふさふさなんじゃなく、髪の１本１本が太いのよ、と。けれども相手はまた髪の束をつかんでアイロンに巻きつけながら、先まわりして言った。「赤毛がそのうち絶滅しちゃうなんて残念ね。あなたのは生まれつきの色なんでしょ？」その前は、家族で休暇に出かけたスコットランドのバルモラル城周辺でのことだ。そのあたりでは何もかもが赤かった――シカも、リスも、ライチョウも、人々の頭髪も。バラターの近くで開催されたハイランド競技大会に行くと、それまではブロンドや茶色い髪の家族のなかでひとり浮いていた私が、いきなり周囲に溶けこみ、家族のほかの面々が異質な存在に、ササナック（主にスコットランド人が用いるイングランド人の軽い蔑称）に、集団のなかで目立つ人たちになった。いまこうして〝赤毛の日〟が催されるブレダに向かっている私は、ほかにひとりの仲間も見つけられずにいる。

　このあとブリュッセルで下車して、ローゼンダール行きの列車を待たなくてはならない。そしてローゼンダールでまたブレダ行きの列車に乗り換えることになる。ブレダで私は、赤毛の聴衆に向けて赤毛の歴史について１時間の講演をし、ドキュメンタリー・スタッフのインタビューを受け、〈ジンジャエーラ〉ブランドのジンジャー・ビールのボトルと一緒に写真に収まることになっている。こういうことはいままでしてこなかったし、している自分を思い描いたこともなかった。この旅でもらう領収書をとっておく行為さえ、私が赤毛の〝プロ〟という立場でここにいる証なのだ。なんだか緊張する。

ベージュ色の男たちと、真っ赤なオウムと、ブロンドのアヒルの子が、ワインのプラカップを掲げ持ったまま列車をおりる。私はローゼンダール行きのホームの場所をたしかめてから、自分のビールを買いにいく。

駅のコンコースに立って、ビールを飲みつつ人々を観察していると、ある男性が目につく。ポニーテールにした白っぽい長髪、デニムのシャツに、縞柄で金具とフリンジとトグルボタンのついた南米のポンチョ、シルバーの指輪だらけの手。目についたのは、私のことをじっと見ながら近づいてくるからだ。食い入るように私の顔を見て、それからオーラでもたしかめるみたいに頭のあたりに目を移し、すれちがいざま、かぶってもいない帽子を持ちあげる身ぶりで軽く会釈する。〝はじめまして《アンシャンテ》〟

〝赤毛に目がない男〟だ。

先へ行こう。私がｉＰｈｏｎｅで見ているのは、自分の位置を示す青い点だ。ベルギーの田舎を走り抜けてオランダに入るまでの道中、中世の画家たち、その時代の〝赤毛に目がない男たち〟が住んでいた多くの町々を通り抜けるか通り過ぎるかしていく。ロヒール・ファン・デル・ウェイデンが亡くなったブリュッセル、ヤン・ファン・エイクのいたブリュージュ。そして現在地は、あらゆる画家のいたアントワープ、1885年の冬のフィンセント・ファン・ゴッホもそのひとりだ――寒くて、孤独で、空腹で、惨めで、病身で、ショウガ色の髪を囚人のように短く刈って、ピーテル・パウル・ルーベンス（その姓はラテン語で〝色のついた〟〝赤みを帯びた〟を意味する）の絵の前に何時間もすわって、頭のなかで渦巻くルーベンスの絵のなかに這い進み、以来、自身の用いる色調に赤を持ちこむようになる。列車の外の空には雲が湧きあがり、勢いの衰えたハリケーン・クリストバルが、去り際にその尻尾でヨーロッパをはじいていく。陽光のストロボが畑を横切り、町々に連なる屋根をまたぐ。ファン・ゴッホはブレダの近くで生まれた。私は赤毛の爆心地に近づいているかのような気分になる。

この列車はユーロスターよりもずっとずっと静かだ。右手の座席で、噴水が泡立つようなフランス語の控えめな会話が交わされている――私はメモをとりながら、それとなく話に耳をそばだてる。半分くらい聞きとれたところでは、ひとりが友人に美容師を薦めているようだ。私はその2人を盗み見ようと、素人なりの知恵を働かせて、ハンドバッグに忍ばせた鏡まで持ち出す。物書きというのは恐ろしい人種で、他人を尊重することを知らないが、シャーロック・ホームズなら褒めてくれるだろう。思ったとおり、ひとりは紫がかった赤っぽい髪で、ひとりはオレンジがかった茶色の髪だ。この本を書いているあいだ、私は人からこう訊かれどおしだった。「染めた髪も赤毛のうちに入るの？」入るに決まっている。これ以上心から認められることがあるだろうか？

ローゼンダール。またスーツケースと格闘する時間だ。

ローゼンダールは、ホームとホームが海に隔てられた大陸と大陸ほど遠く離れている駅のひとつだ。向かい合ったホームのあいだには、使われていない錆びた線路が無駄に何本もあり、この明るい小春日和に蜂の群がるフジウツギの灌木が頼りなく茂っている。こんなふうに、右も左もわからない場所へ、知り合いもまったくいない場所へひとりで旅していると、妙に度胸が湧いてくるものだ。ブレダで会うことになる赤毛族の仲間には、イスラエルの女の子もいれば、アフガニスタンのティーンエイジャー、オーストラリアの美女もいる。私がそのだれかと、あるいは彼女らが私となんらかの形で関係があるとか、何かしら共通点があるだろうと考えるのは滑稽だけれど、きっとあると思う。私たちのあいだには。

列車がきしみながら入ってくる。ホームの上方に掛かっている看板には、賑やかな電飾を施したBREDAの文字。

オランダの町々には、どことなく目立たない、控えめなところがある。それは人々も同じで、どこまでも礼儀正しく、英国人が恥ずかしくなるくらいのバイリンガルなのに、〃どうだ〃というような高慢さがない。ブレダの町は、風景の低い位置に、ずっと昔からある建物と同じ高さで広がっている。ホテル（〈ゴールデン・チューリップ〉、なんてオランダっぽい名前！）にチェックインしたあと、私はちょっと散歩に出て、石造りのグレーの町並み、酒場の穏やかなざわめきといった、ぼんやりした印象を心にとどめる。ただ、赤毛の人たちがもう来ているとしても、明らかにみな姿を隠している。ホテルへ向かうタクシーのなかから、公園にいる2人を見つけたきりだ。ホテルへ戻っても、オレンジ色のものはバーのテレビに映ったオランダのサッカーチームだけ。マルク《Mark》（川）のあるブレダと同じく、私にもマーク《Mark》（夫）がいる。ノートパソコンを持ってベッドにもぐりこみ、私のマークにEメールを送る――まとまらない思考と、いくつものキスを取り合わせて。

隅を折りまくったプログラムによると、私はこの週末を、ずっと赤毛の人の奏でる音楽に浸り、酒場のはしごに加わり、カヌーか熱気球のツアーに参加して、運勢を占ってもらい、ネイルとメイクをしてもらい、ヘアスタイルで変身させてもらい、カップリング・パーティに参加して、ファイア・アートと、リンディ・ホップ・ダンスと、バーレスクと、カクテルの講習を受け、存在も知らなかったような赤毛関連商品を買い、細長い舞台の脇でファッションショーを眺め、集合写真に不朽の姿を残して過ごすことができる。そして自分を突き放して見ることでテンションを高く保つすべを学ぶのだ――日曜の午後2時（講演の時間）にはきっとすごく役立つだろう。その前に私は、ドキュメンタリー制作会社〈ペーパーカット・フィルムズ〉との仕事をすませなくてはならない。

撮影のときは、いったい何を着ればいい？　黒でも白でもない、無地のものを、と言われている。おかげでクローゼットのなかから、条件には当てはまるけどそれじゃない、という服を選んでしまう余地が無限にあった。いざ収録となり、まず私は、グローテ・ケルクの身廊を歩きまわる。そこにはいま、トマス・ナイツの一連の写真が飾ってあるが、そのうちの1枚は、モデルがずりさげて穿いたジーンズのさがり具合に教会の評議会が難色を示したのか、撤去されたようだ。身廊をどんどん曲がっていく私をカメラが追いかけ、そのまま後ろから、石の螺旋階段をあがった先の、本題のインタビューがおこなわれる部屋までついてくる。階段をのぼる後ろ姿をカメラマンに撮られているので、これじゃお尻が巨大に見える、なんて言わずもがなの冗談を言いそうになるが、どうにかこらえる。指示どおりにすわった私は、フェイスパウダーをはたきなおされる――てかっているらしい。カメラがまわる。私はインタビュアーと必死にアイ・コンタクトを保ち、部屋の暑さもあって、眼球が乾きはじめる。インタビューを受けることには、使える答えをこちらが返すまで――クリスとマーク（またマーク？）が満足するまで――3通りの尋ね方で同じ質問をされることも含まれるようだ。私は答えのほとんどが彼らをがっかりさせているという恐ろしい感覚にとらわれつつも、意外なほど頑固な芯が自分のなかにあるのに気づく。赤毛のプロなどという自負を捨てて、赤毛の活動家として主張を押し通すならいまだ、と私は覚悟を決めた。この数カ月、本や論文や学術誌や抜刷りに囲まれて過ごしてきたし、赤毛の歴史的事実はどんな神話よりもはるかに面白いと自信を持って言える。だから――いいえ、赤毛の若い女性が魔女として何百人も連行されて火あぶりにされた事実はありません。いいえ、私たちがほかの髪色の人たちより出血しやすいことはありません。いいえ、赤毛の発祥地はアイルランドではありません。いいえ、赤毛が絶滅するということはありません。外の通りの喧噪が増してきている。スタッフはこのあとカップリング・パーティの撮影をする予定で、ちらちらと腕時計に目をやっている。インタビュー収録は完了。ランチが用意されている。ご期待に添えたかどうか、と私は言う。「よかったですよ」と親切にもクリスは言ってくれる。ベースがぶんぶんうなるバンド演奏が、町の広場から聞こえてくる。階段をおりていき、外へ出ると――

うわあ。すごい。これは――6000人の赤毛を集合名詞で表すとしたらなんだろう（かがり火、朝焼け、太陽フレア、発赤、血染め、大火災、赤熱光、狂乱、赤毛の〝黙示録〟）、いまこそ訊いてみよう。赤毛の大柄な人、小柄な人、ぽっちゃりした人、痩せた人――膝の高さで群衆のなかを駆けまわるちっちゃな姿もある――抱っこ紐のなかの赤ん坊、そして車椅子の人も。赤毛が加齢で砂色になった高齢の人もいれば、生まれてまだ日の浅い乳児もいて、その頭に赤色の気配を見るのは、2人とも赤毛の両親だけができる信仰の行為だろう。上部デッキに赤毛の人たちを乗せた屋根なしの2階建てバスがあり、その片面を昨年の祭りの群衆の巨大なポスターが完全に覆っていて、その前で赤毛の人たちが記念撮影している図は、赤づくしの過去、現在、未来といった感じだ。コスチューム姿の赤毛もいる――ラプンツェル、人魚姫、マグダラのマリア、吸血鬼、ヴァイキング。このどこかにアイルランド赤毛大会のクイーンもいるはずだ。キツネやリスのフェイスペイントをした赤毛もいる。すれちがった男性が、首にぶち模様のハンカチを巻いたレッド・セッター犬を連れて歩いていて、思わず笑う――赤毛の人が赤毛のペットを選ぶ？　ショウガ色の猫とか、ポメラニアンとか、ダックスフントを？

そしてあたり一帯、髪、髪、髪だ。生まれてから明らかに一度もハサミを入れていない髪もあれば、たてがみのような髪、腰まで届くおさげ髪もある。歩く赤い灌木たちのなかに、言葉で言い表せるあらゆる色合いが見える。深い赤のくるくるカールに、ごく淡いシナモン色のカーテン、オレンジ色がかった丸刈り、芝生のへりみたいなテラコッタ色の編みこみ、コショウを振りかけたようなコーンロウ、持ち主よりワンテンポ遅れてついてくる、たっぷりしたショウガ色の髪と、同じ色の顎ひげと頬ひげ。母と娘だけが培う絆で結ばれた赤毛の母と娘。重なる部分のある種族――ロッカー、バイカー、パンクス――が、ベビーカーに赤ん坊を乗せて丸襟の服を着た可愛らしい家族と肩を並べて、商品販売のテントをまわっている。ドレッドヘアの赤毛もいる。こうなるともう、人そのものは見なくなる――まず最初に人を判断する材料は髪で、そうした品定めには対抗意識のようなものがともなう――〝いちばん赤いのはだれ？〟とどこかで比べているのだ。まちがいなく私ではない。私など惨敗だと思わせる人たちがここにはいる。インタビューで訊かれた質問にもあったが、赤毛の人はどこを居場所と感じるのか？　あれほどさまざまな場所を起源と言えるなら、故郷はどこなのか？　その答えは見つかった――まさにここだ（図32）。

私は通りをぶらつき、情景をスケッチしていく。たとえば、ひとりが赤毛の3人兄弟は、赤毛でない2人（体が大きく、年上）がいまは異質な存在になって、まごついている様子だ。赤毛どうしのカップルが、腕を互いの背中にまわし、指を互いのベルトループに通してべったりくっついたカップル歩きをしている。彼女のほうが彼の肩に頭を載せていて、後ろからだと2人の髪もからみ合って見える。ティーンエイジャーの少女が、舞台用スモークのなかから顔を覗かせているかのような、紫色（今年のテーマカラー）のネットで作った雲のコスチュームをまとっている。巨大な赤毛の三つ編みが、酒場の上階の窓から垂れさがっている。スウェットシャツと丈夫なハイキングブーツでペアルックをしている、70代とおぼしき年配のカップルは、場慣れしてくつろいでいるようでいて、まったく場ちがいのようでもある――女性の髪は加齢で色褪せ、かなり短くカットしてあり、男性の髪はほぼなくなっている。2人がよちよち歩きのころ、ナチスが市中にいたはずで、そこから、尻尾をつかもうとする私の試みをこれまでことごとくかわしているインターネット上の疑似事実《ファクトイド》を思い出す——赤毛が結婚することをナチスは禁じたというものだ。赤毛はスペインの異端審問の役人にとってただの目じるしだったし、ナチスにとってもそれ以上の意味を持っていたとは思えない。偏見が予想のつかない形で作用することはないのだ。

ブレダのグローテ・ケルク前の広場にこうして立っているのは、現実離れした心地だ。赤毛として生きていて、列車内でただひとりの赤毛であるような状況にどれだけ慣れきっているか、いままで気がつきもしなかった。普段はほかのだれともちがう髪を持っているのが当たり前だけれど、ここではだれもがその髪を持っている。ブレダははみだし者たちを同じ種族にしてくれる——例外が普通になる。つまり、もう異分子ではないとしたら、私たちは何者なのだろう？

ルースは息子2人と妹と一緒にブリストルからここへ来ている。私はグローテ・ケルクで、トマス・ナイツの写真のモデルたちに見惚れている彼女を見つける。ブレダの〝赤毛の日〟では、たやすく言葉を交わせる。赤毛であることにカタルシスさえ感じるこの場での経験を、だれもが共有したがっているようだから。ルースの妹も赤毛だが、トーンダウンした色味で、ルースは消防車の赤だ。ルースの息子たちはもっと暗い赤だそうで、写真のモデルのひとりを指さして「こんな色」と教えてくれる。2人ともティーンエイジャーで、別行動をしている。赤毛のカップリング・パーティのテントにいるんじゃないかと彼女は睨んでいる。息子さんたちは赤毛が好きなの？　ルースは笑う。「女の子が好きなのよ」そういえば、カップリング・パーティの会場には、茶色の髪の男性に色目を使っているきれいな赤毛の小悪魔の絵が描いてある。私がそう指摘するとルースは眉をひそめる。女の子の場合はいただけないという考えなのか？

ルースは軍人の妻であるらしく、子供たちが生まれたとき、一家はドイツ在住だった。息子たちは幼稚園から小学校までずっと問題なく過ごしていた——だが英国へ戻ったとたん、すべてが変わった。「そのときにはあの子たちも立ち向かえるくらい大きくなっていたけど」とルースは言い、その口ぶりからすると、うまく対処したようだ。2人はいまも異分子扱いされている？「2人いるから、お互いに味方し合ってるわ」ルースと妹も若いころはそうだったという。2人組をいじめるのはやや難しい。それに、昨今の態度の変化もある。ルースはそれに気づいていた。いまは状況がちがっていると。

ちがっているかしら？

考えるのに長い長い間があく。「ええ」ようやくルースは言い、明るい声を出す。「だってほら、ヘンリー王子がいるじゃない？」

マリウスはハンガリー人とルーマニア人のハーフだ。まだ若いのに（私がビールをおごろうとすると、遠慮がちにコーラを頼む）、彼は〝赤毛の日〟のベテランである。2006年にインターネットでこの催しを知ったという——こういうことがソーシャル・メディアなしに起こりうるだろうか？　昨年はボランティアとして運営を手伝い、友人の一団を連れてきた。マリウスと友人たちはカップリング・パーティのテントにも行ったというから、さぞ活発な交流をしたことだろう。町のゲイ・バーにも入ってみて、本人いわく、いい経験になったらしい。マリウスは少なくとも3カ国語を話す。スカンジナビアへ家族と移り住み、その後また一家でドイツへ移った。ヴァイキングの土地で赤毛として暮らすのはどんな感じだったか、肯定的な答えを期待して私は訊くが、マリウスは顔をしかめる。ノルウェーでは〝ちょっと〟いじめられたけれど、それはノルウェー人ではないからだった。そう聞いて私は、ファインマンとギルによる研究で示唆されていた、気の滅入る事実を思い出す――人は生来、何かを嫌う心理的要求を持っている[1]。それでも(マリウスはじっくり考えながら、言葉を選んで話す)、いろいろ考え合わせると、男の赤毛はプラスにはならないと思う、赤毛だと人より寛容になれるとか、他人の感情に敏感になれるということはあってもね。彼が手本にしているのは、ドラマ『ライ・トゥ・ミー 嘘は真実を語る』でティム・ロスが演じたキャラクターだという(この俳優に、彼はかなり似ていると言っておこう)。これまでいろんな国で暮らしてきて、故郷だと思う場所はどこ?「ここだね」

私の疑念どおり、多くの赤毛の人生にいじめが横行していることを裏づける一例だが――ケリーについて。ケリーはニュージーランド出身のメディア専攻の学生で、磨いた銅のようにつやつや輝く深紅の髪と、学校時代を通していじめられたり無視されたりしてきた経験の持ち主だ。だれよりもひどくいじめてきたのは、学校にもうひとりだけいた赤毛の女子だった。「ただし」ケリーは言う。「その子の髪は私のほど赤くなかったの」大学に入ったいまは、その赤い髪を羨まれ、真似されもするという。たしかにこれは、赤毛の人のほとんどに共通する物語だ。子供のときはからかわれる(自分を好いてくれているとわかっている人からの、親しみをこめたからかいでさえ、神経を消耗するし、ありがたくないものである。どうか気づいてほしい——からかわれたほうはいつも、蜂蜜より強く酢の味を感じているのだと）。成長すると、特にあなたが女の子なら、とまどうほど急速に、赤毛であるがゆえに経験する物事が一変する。いまは赤毛でよかったと感じているか、私は彼女に尋ねる。あんなきれいな髪に生まれてそう感じていないとしたら悲しすぎる、と思いながら。ケリーは力強くうなずく——ええ。いまは、それが彼女なのだ。赤毛にまつわるすべてが彼女を形作っている——メディア専攻の学生としての、他者を刺激するものへの関心や意識も、赤毛がもたらしてくれた。ハッピーエンド。赤毛の物語はすべてそうあるべきだ。

8月にアイルランドのクロスヘイヴンで開かれた赤毛大会で栄冠に輝いたクイーン、ローラ・メイ・コヘイン。彼女はここで、昔の御者《ぎょしゃ》のように赤と金のマントをまとい、ロングドレスと王冠を身に着け、ショーを彩るスターの一員をなしている。そのありえないほどの美しさに人々が足を止めて写真を撮っていくのだが、私は一緒に写りたくない。シャッターボタンを押す音が際限なく続く。赤毛の私たちはだれかに写真を撮られるためだけに並んで立っている。これは単に思い出作りをしているのではなく、ここでも続行中の自己定義のためのひたむきな調査、個人分類におけるクラウドソーシング演習なのではないかという気がしてくる。ローラ・メイは自分の役目を驚くほど優雅にこなしている——もし私が21歳でアイルランドの赤毛クイーンに選ばれていたとしても、こんな大人の対応ができたかどうか疑わしい。「さて、赤毛はどこから生まれるのでしょう?」そこらじゅうで携帯電話のカメラが構えられるなか、にっこり笑って彼女は問いかける。アイルランドの抒情性《リリシズム》あふれる台詞まで用意されている。「ある人から聞いたところでは、雲と雨とがもたらしたとか」

〝赤毛の日〟のグローテ・ケルクでの講演でご一緒する、ティム・ウェンテル博士。赤毛の起源について語れる人がいるとしたら、それは髪と肌とそばかすの専門家でもあるティムだが、彼はビールに関してもちょっとした権威だ。ティムとの打ち合わせでメモをとっていた私のペンは、ページを上へ下へとせわしくさまよったあげく、いつの間にやらノートの端から転がり出て横になってしまう。最後に入ったインド料理店で、私は赤毛の面目躍如とばかりに、いちばん辛いカレーを涼しい顔で平らげ、ティム博士は赤毛絶滅説の出どころを詳しく教えてくれる――予想どおり、それもまた数年前に生まれたインターネット神話だったが、ティムが言うには、どんでん返し付きの神話らしい。グローバリゼーションが、何世代も先のいつの日か、ウーズルの造物主たちがやり損なったことをなし遂げるかもしれない。混血を繰り返していくと、私たちはみな最終的には、かつてアフリカを出たときに持っていた、暗い色の髪と目と肌の表現型に逆戻りする可能性がある。もちろん、地球温暖化を考えると、それは私たちみなにとってありがたいことかもしれないが、もしグローバリゼーションがそんな影響を持つとしたら、もしそれが――赤毛がどこにもいなくなることを意味するとしたら？　それとも、母なる自然にはまだ秘策があるのだろうか？

いま私は、この催しのビジネス部門、Tシャツやリストバンドを販売し、ヘアスタイル変身とヘア直しを提供するテントにいて、ちょっと違和感を覚えはじめている。体のパーツひとつに対する、この飽くなき集中ぶりに。私はブレダの堂々たる市庁舎前の階段に立って、こう叫びたい衝動に駆られる。「私は赤毛の女性じゃない！　ひとりの自由な女性だ！」せめて赤毛の仲間たちを無遠慮に見ているのはもうやめようと、私は自分に言い聞かせる。だからその場を離れたものの、ほとんど間を置かずして、小さな人だかりの端にいた。その人たちが驚嘆のまなざしを注いでいるのは、背の高いティーンエイジャーの少女で、光で照らしたブロンズのようなすばらしい肌をしているうえに、輝く溶岩の光輪を思わせる、目の覚めるような赤い、赤いアフロヘアをしている。名前はステラというらしい。ステラは、正しい機会を与えさえすれば母なる自然が私たちに見せてくれるひとつの奇跡だ（図33）。

ステラは母のイルムガルトと一緒にここブレダに来ている。ステラが子供のころからずっと2人で参加しているそうだ。イルムガルトの髪はいまは暗い色だが、若いころは赤だったという。イルムガルトはオランダ人だけれど、ステラの父親はセネガル出身で、2人の遺伝子プール内で生じた何かが、ここに立っているこの13歳を作り出した。私はわかりきった質問をする——ステラは人種的偏見を味わったことがある？（彼女の肌や髪の色を考えると、もしかしたらこの質問をすること自体、そうした偏見の表し方だと受けとられかねないかも、と思いながら）。ないわ、一度も、とイルムガルトが私に請け合う。エミリー・キャメロン・ウォーカーの論文に、赤毛は〝遺伝的副産物《スパンドレル》〟にすぎないという旨の一節があり、白い肌が遺伝的原因で赤毛が副産物であるというのは、専門的には正しい。けれどもこの例を、ステラを見ていると、私は「なんて素敵な副産物《ケルル・スパンドレル》」としか言えない。

日曜日。私の講演は数時間後に迫っている。ブレダのメイン・スクエアでブランチをとりつつ英気を養っている私の隣のテーブルに、デイヴィッドとアナがいる。アナは、ごく淡いショウガ色でクモの巣のように繊細な巻き毛を、ウエストまで長く垂らしている。彼女も学校時代の驚くべきエピソードの持ち主だ。アナのクラスのほかの子たちが〝キャロット・バスターズ〟なるゲームを考え出し、休憩時間になるたびに、運動場にいるアナとほかの2、3人の赤毛の子の上に折り重なったり、いっせいに突進してきたりしたという（数カ月後、私はニューヨークのある学校で将来の物書きたちと話をすることになった。そのクラスの子供たちは、例のエピソードのアナと同じ年ごろで、私たちは差別や偏見や赤毛についての話をはじめた。同じ学年に赤毛の子がひとりいるとみなが言うので、私はアナとキャロット・バスターズ・ゲームのことを思い出し、その赤毛の子は何かいじめを受けたことはあるかと訊いてみると、子供たちは全員ぞっとしたように身を引いた。思うに、それがニューヨークのアッパー・ウエスト・サイドで育つかイングランドの田舎で育つかのちがいなのだろう）。

私はデイヴィッドのほうを向いて、アナに目を留めたのはその髪のせいだったのか、自分は〝赤毛に目がない男〟の部類と言えるかどうか尋ねる。「そうだね」デイヴィッドは誇らしげに言う。「アナは僕が結婚を申しこんだただひとりの女性だよ」そしてアナが私に向かって左手を振ってみせる。とても上品なダイヤモンドの指輪は、見るからに真新しくて、手のほうもまだそれに慣れようとしているようだ。

ブレダのグローテ・ケルクは、1000人を収容できるが、満席だとは言わない。私たち講演者のために用意された演壇からは、たしかに満席のように見えるとだけ言っておこう。何列も何列も並んだ人々が、アレクサ・ワイルディングの絵はがきで自分を扇いでいる。主催者からは、グローテ・ケルクの関係者がぴりぴりしているので、私が見せる予定のスライドにヌードが含まれていることをことわっておくよう釘を刺されている。だから私はいま、講演原稿の最初のページの上部に〝クールベについて警告すること〟と特大の大文字で書き殴っている。着席する人々のざわめきと椅子のきしみが、外から聞こえるバイクの轟音で掻き消される。私は目をあげる。そこで初めて、きょうの聴衆に、赤毛であるのはもちろん鋲付きの革ジャン姿の人もずいぶん交じっているのを認める。へえ、なるほど。私はまもなく、《世界の起源》の歴史的意義をバイカー集団に解説するわけだ。これは面白いことになりそう。

この講演の録画を親切にも買って出てくれたヨアヒムが、私に親指を立ててみせる。私は深く息を吸う。

「それではみなさん、トラキアのレソス王をご紹介します」

では結局のところ、私たちはいま赤毛の歴史のどこにいるのか?

まず、ルース・メリンコフは正しいと思う。世のなかの態度は変わってきていると思うし、それを変えているのは赤毛の人たちだと思う。『サウスパーク』の悪評高い放送回に影響され、ヴァンクーヴァー在住の14歳が、見当ちがいもはなはだしい〝キック・ア・ジンジャー・デイ〟をフェイスブックで提言したとき、カナダのコメディアンで活動家の（そして赤毛の）デレク・フォーギーは、〈カナダ・ドライ〉ジンジャー・エールのロゴ・デザインを大胆に用いた〝キス・ア・ジンジャー・デイ〟（1月12日に赤毛の人にキスをしようという呼びかけ）提言を、やはりフェイスブックでおこなうという対抗手段に出た。敵の武器を使って逆襲するのとはまったくちがった行動である。今年、２０１５年には〝キス・ア・ジンジャー・デイ〟がツイッターでトレンド入りするほどの現象と化し、アカデミー賞ノミネートの発表直前だったことも、まちがいなくプラスに働いた。赤毛の有名人にメディアの熱い視線が注がれ、なんと英国では《デイリー・ミラー》紙にこんな生き生きした見出しが踊り――〝キス・ア・ジンジャー・デイおめでとう！　13人の赤毛のセレブたちに心からの祝福を〟、各人の紹介記事が続いた――ダミアン・ルイス、マイケル・ファスベンダー、エマ・ストーン、カレン・ギラン、ベネディクト・カンバーバッチ、クリスティーナ・ヘンドリックス、ヘンリー王子、エイミー・アダムス、エディ・レッドメイン、エド・シーラン、アイラ・フィッシャー、ルパート・グリント、リリー・コール。つまり、ステレオタイプを改める方法は――それを格好いい／魅力あるものに変えることだ。不当に扱われているものを取りあげ、その希少価値に目を向けさせることで、それを好ましいものにする。欠点をひっくり返す。簡単なことだ。キャサリン・テイトのようなコメディアンも、〝赤毛の隠れ家〟コント（ユーチューブの再生回数27万回で、まだまだ増えている）でこの活動に加わっている。トマス・ナイツは、〝赤毛の男性のイメージを一新する〟というコンセプトのもと、『レッド・ホット１００』の写真を世界規模の巡回展にするべく動きだしたところだ。〈ペーパーカット・フィルムズ〉社は、私へのインタビューをきっかけに、ある赤毛の男の子の成長過程をたどるドキュメンタリー制作に着手している。そしてブレダでは、講演終了後、ティム・ウェンテルのもとにカップルが続々とやってきて、赤毛の子供を持つ見こみについて予測を求め、〈クリオス・インターナショナル〉社の顧客のように、はっきりとそれを望んで質問している姿を目の当たりにした。

そしてここに述べることこそ、眉がぼやける悩みとはなんの関係もない、私の思うほんとうの〝赤毛のジレンマ〟である。私たちは、赤毛にまつわる軽蔑的な意味のしがらみは振り払いたいけれど、珍しい色の強みと呼べるものは手放したくない。そのおかげで目立つことができるし、人ごみで赤毛の目配せを交わせるし、自分は特別で、希少で、異色だと思える。私たちは人生というジンジャー・ケーキを美味しく味わいたいのだ。私たちがエド・シーランを大好きなのは、赤毛が自分の取り柄だと言っているところ。マイケル・ファスベンダーがショウガ色のもみあげを長く伸ばしているところも大好きだ。一方で、プーチンの髪に赤みがなければいいのにと神に祈っている。『私は〝ヘンリー〟と結婚したい　I Wanna Marry "Harry"』なんてリアリティ番組がテレビに登場したときは、呆れてうめきが漏れたし（いちおう言っておくと、赤毛以外の人も同じ反応だった）、でもルース・ウィルスン、エイミー・アダムス、ジュリアン・ムーアが揃ってゴールデン・グローブ賞を制覇し、ジュリアン・ムーアがアカデミー賞でも赤毛として初めて主演女優賞に輝いたときは、転換点が訪れたように感じたものだ。そしてこれは、選り好みできる事柄ではないとも思う。もしここが、赤毛の人がその髪の色ゆえに選ばれるということがなく、赤毛という特徴以外も人に覚えてもらえる世界だったとしたら、私たちはもっと赤毛であることに満足するだろうか？　赤の色合いがさまざまなのはもちろん、持っているエピソードもさまざまなたくさんの赤毛の人たちと向き合っていると、そういうことをいっそう強く、痛切に感じるようになる。〝赤毛の日〟は、私たちをひとつに結びつける要素を賛美すると同時に、個性を賛美する祭りだ。赤毛の人をひとくくりにして、みな同じ存在と見なすのはばかげている。

そのことは私たちも忘れてはいけない。私はニューヨークでこの本の最終稿に取りかかりながら、〝息ができない《アイ・キャント・ブリーズ》〟と書かれたTシャツを着てデモ行進する数千の人々を見ていた。そして作業が終わるころ、今度は〝私はシャルリー《ジュ・スィ・シャルリー》〟というTシャツ姿の、いくらか静かなデモ参加者を見ていた。この本の内容がみな、にわかに政治色を帯びたような気がするとしたら、それはまさに、そこまで掘りさげてしまっているせいだ。種としての私たちを滅ぼすものは、気候変動でも、化石燃料の枯渇でも、強力な疫病でも、自分たちの住む地球を破壊する悪癖でさえないのでは、と思えることがある。私たちにいつかとどめを刺すのは、きっとこの2つ——無知と不寛容だ。髪の色のちがいのような、瑣末とも言える問題すら乗り越えられない世界が、肌の色のちがい、信仰のちがい、愛のちがい、生き方のちがいといったはるかに大きな課題が引き起こす問題を乗り越える見こみは薄い。そう簡単なことではないのだ。

とはいえ、その努力もしない世界に、だれが住みたいだろう？

謝辞

まとめ方によっては、こうしたお礼のリストはほんとうに途方もない長さになることがあるので……

〈ブラック・ドッグ&レーヴェンタール〉社のすばらしいＪ・Ｐ、同様にすばらしいベッキー、パム、カーラ、モーリーン、ステファニー。また、ベッキー・メインズ（〝赤毛のベッキー〟）、アンドレア・サントロ、レナ・コーンブルー、マイク・オリーヴォ、クリストファー・リン、アンクル・ゴーシュ、ニコール・カプート、シンディ・ジョイ、ステファン・チャブルク（赤毛地図作成者）。文芸エージェンシー〈フォックス&ハワード〉のチェルシーとシャーロット、ジョナサン・クレメンツとバーバラ・シュヴェプケ――本書の誕生に尽力してくださったみなさんに感謝を。

大英図書館、ＬＳＥ図書館、ナショナル・ポートレート・ギャラリー、ロイヤル・コレクション・トラストの職員のかたがたに。もちろん、親切にも本書にかかわってくれた、過去と現在のすべての友人たちと同僚たちにも感謝を。あなたがたがいなければ、これはもっとつまらない本になっていただろう。

　助言と協力をくださったかたがた――ニコライ・ゲノフ、イェルーン・ヒンドリクス、J・T・リードソン、イヴェット・ルール。〈ペーパーカット・フィルムズ〉社のクリス、マーク、サラ。ジョナサン・リース教授、ジョー・シック、カリン・シュネル、カースティ・ストンネル・ウォーカー、ジュリア・ヴレヴァ、イルムガルトとステラのフラミングス母娘、ティム・ウェンテル博士。気の毒なラルフ・ホリンシェッドと同じく、迫りくる締切と闘いながら、私はしようと思うことではなく、できることをやりきったとしか言えない。なんらかの誤りがあれば、それはすべて私の責任である。また、トマス・ナイツ、バート、ブレダの〝赤毛の日〟のスタッフ全員に心からの感謝を。そして本書の構想に熱烈な反応をくださり、寛大にもそれぞれの生活や経験を詳しく教えてくださった赤毛のみなさんにも感謝を。

　辛抱強く耳を傾けてくれたミリーに。ただそこにいてくれた、わたしの家族、ことにアリス、サム、エマ、ジャック、エリー、そしてもちろん、ニックに感謝を。

　そして、著者ならだれもが必要とするあらゆる支え、励まし、忍耐、知恵をくれたマーク。あなたがいなければ、この本も、この著者もここに存在しなかったはずだ。

訳者あとがき

赤毛に惹かれるすべてのかたがたに、お待たせしました、と言うべきかもしれない。人の天然の髪色としては比類なく希少な赤毛について、その先史時代から現代までの歴史を概括した初めての本、ジャッキー・コリス・ハーヴィーの *Red: A Natural History of the Redhead*（2015）の全訳をお届けする。本書『赤毛の文化史：マグダラのマリア、赤毛のアンからカンバーバッチまで』は、美術史や文学史、社会史の観点から赤毛を読み解くのみならず、遺伝学や生物学、人類学、心理学などに基づく考察も加えてまとめあげた労作である。赤毛にまつわる種々の風説の真実と嘘、矛盾をも解き明かしていく道程には、意外性に富んだ物語を読み進めるような楽しさがある。

ここで、本書の主な内容をかいつまんでご紹介しよう。第1章では、人類の移動にともなう赤毛の遺伝子の出現とその足跡を追い、白い肌・そばかすと複雑に関係した赤毛の遺伝の仕組みを概説する。第2章では、古代世界のギリシア・ローマで、トラキア人やスキタイ人に由来する赤毛が野蛮人、奴隷、道化のしるしとなっていった経緯をたどる。第3章では、中世のヨーロッパに赤毛を持ちこんだユダヤ人、宗教画に意図的に赤毛として描かれたユダ、後世まで赤毛の女性の象徴となったマグダラのマリアにスポットを当てる。第4章では、赤毛と白い肌をブランド化したエリザベス1世を中心に、当時のイングランドがスコットランドとアイルランドの赤毛の人々をどうとらえていたかを見ていく。第5章では、ロセッティに代表されるラファエル前派の画家やトゥールーズ・ロートレックが描いた赤毛の女たち、近代の小説に見られる赤毛の悪漢、赤毛のイメージを変えた児童文学や漫画のキャラクターを分析する。第6章では、生物学的に見た赤毛の人体の基本機能の特異性と、赤毛の女性につきまとう性的なイメージとのつながりを探り、赤毛と特定の疾患との関連にもふれる。第7章では、20世紀に登場した家庭用カラーリング剤による髪色の大変革から、クララ・ボウ、リタ・ヘイワース、ルシル・ボールといった赤毛のハリウッド女優、現代の広告に多用される赤毛、赤毛の人や子供に対する差別やいじめにまで話題を広げる。そして第8章は、世界最大の赤毛祭り、ブレダの〝赤毛の日〟体験記で締めくくられる。なんとも盛りだくさんで、わくわくしてこないだろうか。

著者のジャッキー・コリス・ハーヴィーは、英国のサフォーク州生まれ。ケンブリッジ大学で英語学を、ロンドン大学のカレッジのひとつ、コートルード美術研究所で美術史を学んだのち、美術館の出版部門で執筆や編集業務に携わり、美術・ポップカルチャー関連の講演者、批評家としても活躍してきた。初の著作となる本書は《ニューヨーク・タイムズ》紙のベストセラー・リストにランクインし、現在は専業作家となって、ロンドンとニューヨークを行き来する生活を送っている。

自身も赤毛である彼女は、ユーモアをちりばめた軽やかな筆致で、古今の信頼のおける文献ばかりでなく、でたらめな記述のある史料も面白く例にとりながら読者をナビゲートしてくれる。

原註に記されたトリビアにも興味深いものが多いので、隅々までお楽しみいただければ嬉しい。

また本書には、赤毛の色合いを表す呼称――ジンジャー、コッパー、キャロット、オーバーン、チェスナット、ティツィアーノなど――が頻出するが、日本語の対訳だけではイメージしづらいところもあるだろう。カラー口絵に掲載されたもの以外にも多数言及される人物や美術作品については、ぜひWeb上の画像などでそれぞれの髪色の美しさをご覧になることをお薦めしたい。

本国では赤毛の家族や友人へのプレゼントとしても好評な本書だが、私たちにとっても、豊かな背景知識を与えてくれるこの本は、この先さまざまな海外文化にふれるなかで赤毛の人物に出くわしたとき、その印象を深め、理解を助けてくれるにちがいない素敵なプレゼントだ。

著者はまた、少数派である赤毛の人々の歴史はすなわち〝異分子〟の歴史であるとし、彼らについての根拠のない偏見や類型化がどのように根づいていったか、それらがいかに時代を超えて上書きされつづけてきたかを繰り返し述べている。現代の章で紹介される、赤毛のイメージを徐々にでも変え、異質であることを魅力として押し出していこうという流れは、これからの社会全体がめざす方向とまさに一致しているように思う。

なお、文中で引用されている書籍に関して、邦訳のあるものには参考までに書誌情報を添えていますが、引用箇所の文章はすべて北田が訳出しております。その旨ご了解ください。

２０２１年２月　北田絵里子

「赤毛のけだもの——人種、性別、およびディケンズのユライア・ヒープ　Red-headed Animal: Race, Sexuality and Dickens's Uriah Heep」（タラ・マクドナルド／2005年）

『スウィンバーン　*Swinburne*』（キャサリン・マックスウェル／2004年）

『ヘア・カルチャー——もうひとつの女性文化論』（グラント・マクラッケン／成実弘至訳／PARCO出版／1998年）

「支配の法則——赤、黒、金、栗色の髪　Taking Control: Hair Red, Black, Gold, and Nut-Brown」アイリーン・ギャメル編　*Making Avonlea* より（ジュリエット・マクマスター／2002年）

『除け者たち——中世後期の北欧美術における異質のしるし　*Outcasts: Signs of Otherness in Northern European Art of the Late Middle Ages*』（ルース・メリンコフ／1993年）

『欲望のルーツ——赤毛の伝説、意味、精力　*The Roots of Desire: The Myth, Meaning, and Sexual Power of Red Hair*』（マリオン・ローチ／2005年）

「恥と光栄——髪の社会学　Shame and Glory: A Sociology of Hair」（アンソニー・シノット／1987年9月）

『奴隷の復元——古代ギリシャの奴隷の想像図　*Reconstructing the Slave: The Image of the Slave in Ancient Greece*』（ケリー・L・レンヘイヴン／2012年）

「まちがいの喜劇——ギリシャ美術のなかの滑稽な奴隷　A Comedy of Errors: The Comic Slave in Greek Art」ベン・アクリグ、ロブ・トルドフ編 *Slaves and Slavery in Ancient Greek Comic Drama* より（ケリー・L・レンヘイヴン／2013年）

赤毛のための参考文献

本書の調べ物と執筆に用いた文献資料のなかには、ほぼすべての章で活用しているものもある。引用箇所には、それがどなたの見識であるかを漏れなく記したつもりだ。そのかたがた自身の研究にも視野を広げたい読者のために、本文中の脚注とともに、以下の文献リストを付す。

「人生には選べない物事もある……赤毛の人に対する差別の調査記録　There Are Some Things in Life You Can't Choose ... :An Investigation into Discrimination Against People with Red Hair」(エレノア・アンダーソン／2001年)

『アイリッシュ・アメリカの映像化——映画とテレビでアイリッシュ・アメリカを描く *Screening Irish-America: Representing Irish-America in Film and Television*』(ルース・バートン編／2009年)

『古典的理想にあらず——ギリシャ美術におけるアテネとその他の構築　*Not the Classical Ideal: Athens and the Construction of Other in Greek Art*』(ベス・コーエン編／2000年)

『マグダラのマリア、中世からバロック時代までの図像研究　*Mary Magdalen : Iconographic Studies from the Middle Ages to the Baroque*』(ミシェル・A・エアハルト、エイミー・M・モリス編／2012年)

『マグダラのマリア——伝説と隠喩　*Mary Magdalen: Myth and Metaphor*』(スーザン・ハスキンズ／1993年)

「醜いアヒルの子から白鳥へ——ラベリング理論と赤毛の汚名　Ugly Duckling to Swan: Labeling Theory and the Stigmatization of Red Hair」(ドルアン・マリア・ヘカート、エイミー・ベスト／1997年)

『アイルランド人はいかにして白人になったか　*How the Irish Became White*』(ノエル・イグナティエフ／1995年)

『古代遺跡における差別の発明　*The Invention of Racism in Classical Antiquity*』(ベンジャミン・アイザック／2004年)

『ローマ世界の奴隷制　*Slavery in the Roman World*』(サンドラ・R・ジョシェル／2010年)

図 19: Le Sommeil, 1866 (oil on canvas), Courbet, Gustave (1819-77)/Musées de la Ville de Paris, Musée du Petit Palais, France/Bridgeman Images

図 20: Portrait of Algernon Charles Swinburne (1837-1909) 1867 (oil on canvas), Watts, George Frederick (1817-1904)/National Portrait Gallery, London, UK/Bridgeman Images

図 21: Beata Beatrix (oil on canvas), Rossetti, Dante Gabriel Charles (1828-82)/Birmingham Museums and Art Gallery/Bridgeman Images

図 22: Found, c. 1869 (oil on canvas), Rossetti, Dante Gabriel Charles (1828-82) / Delaware Art Museum, Wilmington, USA/Samuel and Mary R. Bancroft Memorial/Bridgeman Images

図 23: Ellen Terry as Lady Macbeth by John Singer Sargent/Tate Britain

図 24: The Knight Errant by Sir John Everett Millais/Tate Britain and The Martyr of the Solway, 1871 (oil on canvas), Millais, Sir John Everett (1829-96)/© Walker Art Gallery, National Museums Liverpool/Bridgeman Images

図 25: Combing the Hair (La Coiffure), c. 1896 (oil on canvas), Degas, Edgar (1834-1917)/ National Gallery, London, UK/De Agostini Picture Library/Bridgeman Images

図 26: Cora Pearl ©National Portrait Gallery, London

図 27: Uriah Heep/Wikimedia Commons

図 28: Tintin Press Club

図 29: © Danita Delimont/Alamy

図 30: Photograph by Pamela Tartaglio, courtesy of the Hollywood Museum in the Historic Max Factor Building. (PamelaTartaglio.com)

図 31: The Beethoven Frieze: The Longing for Happiness, 1902 (mural), Klimt, Gustav (1862-1918)/Österreichische Galerie Belvedere, Vienna, Austria/De Agostini Picture Library/E. Lessing/ Bridgeman Images

図 32: Picture by Colinda Boeren at the Redhead Days Festival in the Netherlands, www.redheaddays.nl.

図 33: Photo made by Yvette Leur

図版クレジット

ヨーロッパの赤毛地図 : Stefan Chabluk
図 1: Copyright © REZA/Webistan
図 2: Gusjer, via Flickr
図 3: http://www.healthcare2point0.com
図 4: Copyright © Nikolay Ivanov Genov
図 5: Digital image courtesy of the Getty's Open Content Program
図 6: © The Trustees of the British Museum
図 7: © Bayerisches Nationalmuseum München. This object is a permanent loan from Bayerische Staatsgemäldesammlungen.
図 8: Calvary, 1475 (oil on panel), Messina, Antonello da (1430-79)/Koninklijk Museum voor Schone Kunsten, Antwerp, Belgium/© Lukas—Art in Flanders VZW/Photo: Hugo Maertens/Bridgeman Images
図 9: The Coronation of the Virgin, completed 1454 (oil on panel), Quarton, Enguerrand (c. 1410-66)/Musee Pierre de Luxembourg, Villeneuve-les-Avignon, France/Bridgeman Images
図 10: The Last Judgement, 1473 (oil on panel), Memling, Hans (c. 1433-94)/© Muzeum Narodowe, Gdansk, Poland/Bridgeman Images
図 11: Altarpiece of the Dominicans: Noli Me Tangere, c. 1470-80 (oil on panel), Schongauer, Martin (c. 1440-91) (school of)/Musée d'Unterlinden, Colmar, France/Bridgeman Images
図 12: The Crucifixion by Jan van Eyck (1390-1441)/De Agostini Picture Library/Bridgeman Images
図 13: Copyright reserved
図 14: Courtesy Southern Methodist University
図 15: Courtesy of the British Library
図 16: Queen Elizabeth I, c. 1575 (oil on panel), Netherlandish School (16th century)/ National Portrait Gallery, London, UK/De Agostini Picture Library/Bridgeman Images
図 17: Queen Elizabeth I (1533-1603) being carried in Procession (Eliza Triumphans) c. 1601 (oil on canvas), Peake, Robert (fl. 1580-1626) (attr. to)/Private Collection/Bridgeman Images
図 18: Symphony in White, No. 1: The White Girl, 1862 (oil on canvas), Whistler, James Abbott McNeill (1834-1903)/National Gallery of Art, Washington DC, USA/ Bridgeman Images

原註

はじめに

1 比較すると、地球上の人口の約16%から17%が青い目を持ち、10%から12%が左利きである。白人男性のおよそ10人にひとりが色覚異常を持って生まれ、世界の全出生数の1.1%が双子である。全世界での色素欠乏症の発現率はおよそ0.006%である。

2 クーパー主教の偉業はもう少しで日の目を見ずに終わるところだった。完成半ばのころ、クーパーの妻（不屈の伝記作家ジョン・オーブリーによると〝気の荒い女〟）は、執筆に没入して自分を顧みない夫に〝妥協しがたいほど腹を立て〟、書斎に踏みこんで原稿を暖炉にくべた。この妻も赤毛だったのかどうか、オーブリーは記していない。

3 リース教授とその研究に負うことなく赤毛に関する本を書くことはだれにもできないだろう。最初から協力を惜しまず親切に助言をくださった教授に、喜んで感謝の意を表したい。

4 論文「身体的魅力の好みに見られる性差 Sex Differences in Physical Attractiveness Preferences」（ソール・ファインマン、ジョージ・W・ギル／ *TheJournal of Social Psychology* 105, no. 1 (June 1978): 43–52.／1978年6月）より。

5 2013年10月3日発行、ロンドンのフリーペーパー《メトロ》紙より。

第1章　はるか昔、何世紀も前に

1 地質史上の年代を正確に割り出すのは、当然ながら、目覚まし時計をセットするのとはわけがちがう。古生物学者のなかには、赤毛の遺伝子の出現は10万年前から5万年前までのあいだだと言い張る者もいる。

2 人類の祖先が直面した危険と孤立の例として、77000年前から69000年前に起こった火山の大噴火、トバ・カタストロフを挙げたい。この大災害は10年に及ぶ冬をもたらし、地球の全人口を3000～1万人にまで減らした可能性があり、アフリカからの移動を促す一因になったとされている。

3 なお悪いことに、私たちはヒト科ヒト属のなかで現存する唯一の種でもある。私たちのほかの種はだれも生き残らなかった。

4https://humanorigins.si.edu/evidence/genetics/ancient-dna-and-neanderthals/dna-genotypes-and-phenotypes

5http://johnhawks.net/weblog/reviews/neandertals/neandertal_dna/neandertal-ancestry-iced-2012.html

6 その時期を1万2000年から6000年前とする研究も幾例かある。だいぶ説得力に欠けるが、つい100世代前、すなわちほんの2500年前と見積もる者もいる。征服した国々の先住民のあいだに突如白い肌が出現しはじめたのは、ローマ世界の粘り強い年代記編者たち（その多くが次章に登場する）のひとりが具体的に言及したせいだろう。この点については同僚のケイトに感謝。

　一方、青色の目、というより、茶色の目の遺伝子が働かなかった場合の目（目の色の遺伝の仕組みは、どんな可能性も否定できないほど、きわめて複雑ではあるけれど）は、おそらく1万8000年か、1万年から6000年前、現代のルーマニアのあたりで

出現したと考えられている。
7 赤毛と出産の成功との関連性に着目するなら、C・G・リーランドが『ロマ族の魔術と占い　*Gypsy Sorcery and Fortune Telling*』(1891年)に記した〝お産を楽にするには、妊娠中、赤毛を縫いこんだ小袋を腹の素肌に当てておくべし〟という信仰が興味深い。

第2章　黒、白、赤は至るところに

1 論文「ポンペイのクレオパトラ? Cleopatra in Pompeii?」(スーザン・ウォーカー／*Papers of the British School at Rome* 76, (2008): 35-46／2008年)より。
2 この判断はまさに賢明だったと思われる。カエサリオンも紀元前30年、齢17にして、アウグストゥスの命令で殺された(おそらく絞殺)——世に聞こえたその母の自殺から11日後のことだった。
3 ラムセスが生前、赤色の髪をしていたかどうかという議論については、http://www.lorealdiscovery.com 及び、『エジプトのミイラ——古代美術の謎を解く *Egyptian Mummies: Unraveling the Secrets of an Ancient Art*』(ボブ・ブライアー／1994年)参照のこと。しかし、この問題はいまだ決着を見ておらず、シルヴァーナ・トリディコ博士は最近の研究で、髪が死後に腐敗し、菌か細菌の増殖によってその色が変わる可能性があることを示唆している。(参照) https://royalsocietypublishing.org/doi/10.1098/rspb.2014.1755
4『色彩の心理学——影響と象徴性 *Psychologie de la Couleur: Effets et symboliques*』(エヴァ・ヘラー／2009年)からの引用。

5『歴史』(ヘロドトス／秋平千秋訳／岩波書店／1971年)より。英語全文はプロジェクト・グーテンベルク(https://www.gutenberg.org.)にて参照可能。
6 論文「トラキア人 The Thracians」(ライオネル・カソン／*The Metropolitan Museum of Art Bulletin* XXXV, no. 1 (Summer 1977) 3–6.／1977年)より。
7 考古学者らがゲロノイの遺跡を探していた時期がしばらくあり、ウクライナかヴォルガ川沿いのさまざまな古代集落が候補地として名指しされた。
8 タリムのミイラに関する重要な研究書に、J・P・マロリーとヴィクター・メアによる『タリムのミイラ　*The Tarim Mummies*』(2008年)がある。ミイラの髪の色は、金色、淡色、赤色とさまざまに記述されているが、私の知るかぎり、それらのミイラはまだ1体も、MC1R遺伝子を保有しているかどうかに特化した検査を受けていない。
9 人骨のいくつかは女性のものだったが、戦士の装具と一緒に埋葬されていた。このことから、ギリシアのアマゾネス伝説は、つながりの近いスキタイ人に由来するとも考えられる。
10『オストルシャの墓の装飾格間　*The Painted Coffers of the Ostrusha Tomb*』(ジュリア・ヴァレワ／2005年)より。多くの情報と、すばらしく詳細な著書を提供してくれた著者に大変感謝している。
11 論文「アレクサンドロヴォ付近のフレスコ画のあるトラキア人の墓における新発見　New Discoveries in the Thracian Tomb with Frescoes by Alexandrovo No.1」(G・キトフ／*Archaeologia Bulgarica*, 9 (2005):

15-28.／2005年）より。2008年に死去したのちも、ゲオルギ・キトフがトラキアの考古学者や学者のあいだで論議を呼ぶ存在であることは特筆しておきたい。この墓とフレスコ画の復元の様子はhttp://www.aleksandrovo.com/en/で閲覧できる。

12 スキタイ人のクルガンで見つかった遺体にも、凝ったタトゥーが施されていた。1993年に発見された、有名な〝シベリアの氷の乙女（ウコクの王女）〟のそれが一例。《シベリアン・タイムズ》紙、2012年8月14日付のアナ・リエソフスカによる記事を参照。http://siberiantimes.com/culture/others/features/siberian-princess-reveals-her-2500-year-old-tattoos/

13 シケリアのディオドロスは大著『歴史叢書 *Bibliotheca Historica*』にこう記している——〝ガリア人は長身で、ぴくぴく動く筋肉と白い肌を持っている。彼らの髪は金色だが、天然の金髪ではなく、人工的な手段で地毛を金色にすることを習慣にしている。彼らはいつも石灰水で洗髪し、髪を額から後方へ梳きあげていたため、見た目は半人半獣の精霊サテュロスか牧羊神パーンのようだった。その髪の扱い方がひどく荒っぽいせいで、馬のたてがみとなんのちがいもなかったからである〟。実際、《死にゆくガラテヤ人》の髪の部分は、17世紀に、おそらくはこの記述を参考に彫りなおされている。

14（参照）http://telegraph.co.uk/history/11074055/Unearthed-a golden-Roman-hoard-hidden-from-Boadiceas-army.html.

第3章　女性の場合はちがう

1〝ほぼすべての民に憎まれ、神を忌み嫌った〟ウィリアム・ルーファス。『アングロ・サクソン年代記』（大沢一雄訳／朝日出版社／2012年）によると、1100年8月2日に、ハンプシャーのニューフォレストでの狩猟中に死亡している。1頭の雄ジカに出くわし、矢を放てと臣下に命じたところ、臣下は従い、矢はウィリアムに当たった。遺体は倒れた場所に置き去りにされ、それを見つけた農民が手押し車に載せてウィンチェスターまで運んだという。

2「人生には選べない物事もある——赤毛の人に対する差別の調査記録 There Are Some Things in Life You Can't Choose...:An Investigation into Discrimination *Against People with Red Hair*」（エレノア・アンダーソン／*Sociology Working Papers* 28／2001年）。この論文は、差別と文化的類型化の全景の一部として、赤毛に対する偏見を探究するという偉業をなし遂げている。

3 これは基本的に〝ユダの糞〟と訳す。ルース・メリンコフの前掲書より。

4 論文「ユダの赤毛 Judas's Red Hair」（ポール・フランクリン・ボーム／*Journal of English and German Philology* 21, no. 3 (July 1922): 520–29.／1922年）より。

5「ゴシック時代後期のミュンヘンの板絵と彫刻2——1430年の疫病の年から1472年のウルリッヒ・ノインハウザーの死まで Die Münchner Tafelmalerei und Schnitzkunst der Spätgotik, Teil II: Vom Pestjahr 1430 bis zum Tod Ulrich Neunhausers 1472」（V・リートケ／*Ars*

Bavarica, xxix/xxx (1982): 1–34. ／ 1982年）より。

6 ルース・メリンコフ（前掲書）の指摘によると、1148年ごろのモサン・パルク聖書の挿絵に小さく描かれたカインも赤毛だという（大英図書館収蔵の写本より）。

7 あるいは、『尖塔――ザ・スパイア』（ウィリアム・ゴールディング／宮原一成、吉田徹夫訳／開文社出版／2006年）でジョスリン司祭がグッディ・パンガルの赤毛を見たあとでこう考えるように――〝まるで、慎ましい頭巾の覆いから思いがけず抜け落ちた赤毛が、（彼女の清らかな姿を）あのとき傷つけたか、消してしまったかのようだった〟

8 そんなわけで、19世紀に入ってもなお、『ノートル・ダム・ド・パリ』（ヴィクトル・ユゴー／辻昶、松下和則訳／岩波書店／2016年）のカジモドは汚名を着せられている――〝赤毛の逆立った大きな頭……これまた逆立ったもじゃもじゃの赤い眉毛でふさがれたその小さな左目〟。果たして、カジモドの見た目は、彼が〝醜いばかりでなく邪悪でもある〟証と受けとられている。1996年のディズニー映画『ノートルダムの鐘』でもまだ、カジモドは赤毛のままである。

9『シャイロック――伝説とその遺産 *Shylock: A Legend and Its Legacy*』（ジョン・グロス／1992年）より。

10 自衛のために、ディケンズはその本の後の版で反ユダヤ主義の調子を和らげている。そうするまでは、その箇所を公の場で朗読する折に文句が出たりして、支障があったのだ。ユダヤ人は非ユダヤ人の子供たちを搾取するという通念が、子供のコソ泥とスリからなるフェイギンの〝窃盗団〟の創作にいかほどの影響を与えたかを考察するのは、やはり心ふさがれるものの、興味深くはある。

11 アンデッドにまつわるヨーロッパの民間伝承の進化をより詳しく知るには、『吸血鬼、埋葬、死――伝承と現実 *Vampires, Burial, and Death: Folklore and Reality*』（ポール・バーバー／1988年）を参照のこと。

12『ヨーロッパの吸血鬼 *The Vampire in Europe*』（モンタギュー・サマーズ／1929年）より。

13 カルトンの名が最後に出てくるのは1466年である。その年、プロヴァンス地方を疫病が襲った――カルトンはその犠牲者のひとりであったと考えられている。

14 この作品はおそらく中世絵画のなかでもとりわけ数奇な運命をたどった作品だろう。ブルージュにいたメディチ家の銀行家アンジェロ・タニが制作を依頼し、その後継者トンマーゾ・ポルティナーリ（大天使ミカエルの恐ろしい天秤の左手の秤皿に載った小さな人物かもしれない）が完成品をイタリアに発送した。それを運んだ船は運悪くポーランドの私掠船の船長ポール・ベネケの手に落ちた。どうやら目利きであったベネケはこの絵をグダニスクの聖マリア教会に寄贈し、返還を求める訴訟はあったものの、1807年にナポレオンに略奪されるまでそこに残っていた。ナポレオンの失脚後、その絵は1817年にベルリンで見つかり、聖マリア教会は骨折りの末に回収に漕ぎつけた。第二次世界大戦後には所在不明となっていたがレニングラードで

見つかり、1956年にようやくグダニスクに返された。現在はグダニスク国立博物館にある。

15 コルマールにあるプフィスタ邸は、実は映画に登場している——スタジオジブリ制作の、主人公名を冠したアニメーション『ハウルの動く城』(2004年)のモデルとなったのだ。

16 マグダラのマリアと似かよった人生を歩んでいることから、彼女の男性版としてよく引き合いに出されるのがアッシジの聖フランチェスコで、彼もまた、いまやヨーロッパ以外の国々でも人気のある聖人だ。

17 インドの文化にも非常によく似たミーム(生物の遺伝子のような再現・模倣を繰り返して受け継がれていく社会習慣)がある。結んであった髪を女性がほどくのは、まとっているサリーを脱ぐ前ぶれ、というものだ。

18 ヤン・ポラック作の《高尚なるマグダラのマリア》という珍奇な絵画もある。不毛の地での彼女を描いたものと思われるが、髪を身にまとわせる代わりに、毛皮のようにもこもこしたキャットスーツを着せ(中世演劇で天使の衣装によくあった〝羽根付きタイツ〟を採用したうえに、使い方を完全にまちがえたようだ)、胸もとにきわどい切れこみを入れている。マグダラのマリアはそのあたりに両手を持っていき、隠しているふうなしぐさで、ちょうどそこから覗いた肌に目を引きつけている。(参照) https://commons.wikimedia.org/wiki/File:Mary_Magdalene_01.jpg

19 傾向を見るかぎり、ルフェーヴルは赤毛のモデルを好んでいたようだ。赤毛の裸婦を描いた他作品に、《ダイアナ》(1879年)、《オンディーヌ》(1882年)、《パンドラ》(1882年)、制作年不詳の《フルール・デ・シャン》がある。1870年の《ラ・ヴェリテ》では黒髪の裸婦モデルを描いており、片腕を高くあげたそのポーズが、バルトルディ作の自由の女神像に影響を与えたらしい。ジャン=ジャック・エンネル(1829年～1905年)もまた、ルフェーヴルとほぼ同時代のフランスの画家で、赤毛のモデルを好んでいるが、得意とする明暗の表現技法キアロスクーロを用い、より厳かに描いている。

第4章 頭から生えるもの

1 エリザベス1世の《戴冠式の肖像》は現在、ロンドンのナショナル・ポートレート・ギャラリーか、そのすばらしいウェブサイト(整理番号NPG5175)で見ることができる。その絵画は1559年ごろに描かれ、のちに失われた原画を1600年ごろに複製したものと考えられている。エリザベスがこの肖像画のなかで着ている金色のドレスは、異母姉のメアリー1世が着たものでもある。アンゲラン・カルトンが聖母マリアの戴冠のために着せた紋織り(ブロケード)のドレスと比べても、そう見劣りはしない。

2 スペイン人が異端と見る者たちをどのように扱ったかはヨーロッパじゅうが知っていたが、ユダヤ人やムーア人の改宗者(コンベルソ)をどう扱ったかについては無関心なイングランド人が大半で、1556年にロバート・トムスンの身に起こったように、無辜のイングランド人が異端審問のた

めに囚われるに至ってようやく、全国民が激怒した。トムスンの手記（これもテューダー朝のベストセラー）は、『イングランド人とメキシコにおける1556〜1560年の異端審問　*An Englishman and the Mexican Inquisition, 1556-1560*』（G・R・G・コンウェイ／1997年）として再刊された。

3 この肖像画はロイヤル・コレクションの一部であり、ウィンザー城に飾られている。（参照）http://www.royalcollection.org.uk/collection/404444/elizabeth-i-when-a-princess.

4 エリザベスがかつらを愛用していた事実は、1562年に女王が天然痘にかかったときに髪を失ったという憶測を助長した。これは1922年にF・C・チェンバレンがはじめた史実の推測のちょっとした誤りが根拠になっているようだ。しかし、ウィルトン・ハウスに保存された女王の髪の房が証拠として信頼できるなら、エリザベスは白髪になっていた。赤毛もほかのあらゆる髪色と同様に〝白くなる〟が、運よく、色素の抜けた髪が赤い髪にある程度隠れていれば、ただ赤の色みが薄くなったように見える。

5『髪の百科事典——文化史　*Encyclopedia of Hair: A Cultural History*』（ヴィクトリア・シェロフ／2006年）より。ただし、女性が女王と張り合う試みは必ずしもうまくいかなかった。レティス・ノウルズはエリザベスのもうひとりのお気に入り、ロバート・ダドリーと1578年9月に宮廷の許可を得ずに結婚した。ジョージ・ゴアによる1585年ごろの肖像画に描かれたレティスは、エリザベス並みに目を引く赤毛をしていて（両者の肖像画は見分けるのが困難なほどだ）、彼女はエリザベスより10歳若かった。レティスは宮廷から追放され、二度と戻ることはなかった。

6 肥満体だったサー・ジョンは、1626年12月に卒中で死亡したが、その直前の豪勢な夕食会で首席裁判官への就任を祝っていたにちがいない。彼はその役職に就けるよう何年も働きかけをしていた。彼の妻で、預言者を自称するデイム・エレノア・デイヴィーズ（Dame Eleanor Davys）は、Never so mad a ladyeというアナグラムを生み出した。彼女は夫が死ぬ日を予見し、それが起こるまで3年間も喪服で過ごしていた。

7 1559年の国王至上法でついに、国教としてのプロテスタント信仰が確立され、教皇ではなく君主が英国国教会の最高権威者とされた。

8 ホリンシェッド・プロジェクトは、初版・増補版両方のテキストと、徹底した調査のために研究者が求めるほぼすべてのツールを提供している。（参照）http://english.nsms.ox.ac.uk/holinshed/

9 スタニハーストはジェイムズ・ジョイスの好敵手だったかもしれない。『年代記』は珍名句の宝庫だが、彼は怠け者を指す〝ぐうたらなベンチホイッスラー（パブのベンチで浮かれ騒ぐ酔っ払い）〟という言いまわしを生み出し、他者の労作を自分の手柄にしようとする連中を、〝他人のスープのなかに落ちるハエ〟と表現している。こちらはちょっと笑えないが、アイルランドの言語を〝水虫〟と呼んだりもしている。

10「アイルランドの現状を観察して　A

View of the Present State of Ireland」(1596年)より。この小論文はひどく不快で煽動的な内容のため、スペンサーの存命中は公にされていなかった。スペンサーはアイルランドで土地と不動産を購入しており、1580年のスメリック包囲/虐殺の折にも当地にいた。スペイン人とイタリア人約500名という滑稽なほど小勢のカトリック軍は、降伏したのち、イングランドの兵士に殺された。

11 ジェイムズは、その名のとおり6代目の王として、スコットランド女王の母メアリーからスコットランドの王位を継いだ。彼はヘンリー8世の姉マーガレットの曾孫でもあり、エリザベスの死を受け、イングランドの初代の王ジェイムズとして王位を継いだ。

12 論文「ミドルトンの『マクベス』への加筆における、ユダヤ人のしるしとしての赤毛 Red Hair as a Sign of Jewry in Middleton's Additions to *Macbeth*」(ジェフリー・カハン/*English Language Notes* 40, no. 1 (September 2002). / 2002年)より。

13『近代ヨーロッパにおける魔女狩り *The Witch-Hunt in Early Modern Europe*』(ブライアン・P・レヴァック/2006年)より。

14 1887年刊の『アイルランドの古い伝説、秘密の呪文、迷信 *Ancient Legends, Mystic Charms, and Superstitions of Ireland*』に、こんな一文が出てくる――〝赤毛はきわめて悪い影響力を持つとされていて、ことわざにまでなっている――「赤毛の女にじっと見つめられてはならない」〟。この著者はだれ? 排外主義の英国人男性? 魔女狩りに勤しむ中欧の聖職者? いえいえ実は、オスカー・ワイルドのアイルランド人の母、レディ・フランセスカ・スペランザ・ワイルドだ。もっと最近では、エミリー・キャメロン・ウォーカーが論文「セイレーンとスケープゴート――性差を表す赤毛のレトリック Sirens and Scapegoats: The Gendered Rhetoric of Red Hair」のなかで、パキスタンの英字新聞《ニューズ・インターナショナル》のCEOレベカ・ブルックスが2014年のハッキング疑惑の裁判中、英国メディアに何度も赤毛の魔女呼ばわりされていたことに注意を喚起している。(参照)http://ecameronwalker.blogspot.com/2012/09/thesis.html

15『18世紀イングランドの服装案内 *Handbook of English Costume in the Eighteenth Century*』(C・ウィレット・カニングトン、P・E・カニングトン/1957年)より引用。

16『髪――アジア文化におけるその力と意味 *Hair: Its Power and Meaning in Asian Cultures*』(アルフ・ヒルテベイテル、バーバラ・D・ミラー/1998年)より。

17(参照)https://www.japantimes.co.jp/community/2013/07/29/issues/prove-youre-japanese-when-being-bicultural-can-be-a-burden/

第5章 美女たちと罪人たち

1『ロンドンのアメリカ人――ホイッスラーとテムズ川 *An American in London: Whister and the Themes*』(マーガレット・F・マクドナルド、パトリシア・ド・モンフォール/2013年)より。ホイッスラーとジョアンナ・ヒファーナン(ヘファーナンとされる場合も)の関係についての有用情報が

満載。

2 論文「幻の女神——アレクサ・ワイルディングとその人生、ダンテ・ゲイブリエル・ロセッティ作品のミューズとしての役割についての考察　Venus Imaginaria: Reflections on Alexa Wilding, Her Life, and Her Role as Muse in The Works of Dante Gabriel Rossetti」(ジェニファー・J・リー／msaster's thesis, University of Maryland／2006年)より。

3『妻たちと美女たち——ラファエル前派の画家たちとそのミューズたち　*Wives and Stunners: The Pre-Raphaelites and Their Muses*』(ヘンリエッタ・ガーネット／2013年)より引用。

4『母親を信じられなくて、だれを信じられる？　*If You Can't Trust Your Mother, Who Can You Trust?*』(レオナルド・シェンゴールド／2013年)より引用。

5『ダンテ・ゲイブリエル・ロセッティ　*Dante Gabriel Rossetti*』(ラッセル・アッシュ／1995年)より引用。

6 ジェニファー・J・リーの前掲論文より引用。

7 小論「ダンテ・ゲイブリエル・ロセッティの《見つかって》に隠された主題　Hidden Iconography in *Found* by Dante Gabriel Rossetti」(ベアトリス・ローレント／2006年)より。(参照) http://www.victorianweb.org/painting/dgr/paintings/laurent.html.

8《美術会報》(1870年6月／*Art Journal*, June 1870, p. 164.)の匿名批評より。論文「表現、性の強調、女性のヌード　Representation, Sexuality and the Female Nude」(リンダ・ニード／1983年)より引用。

9《遍歴の騎士》が当初はどう描かれていたかを見るには、マーティン・ベークが作成しFlickrに投稿した精巧な復元画が、こちらのウェブサイトで公開されている。https://vadimage.wordpress.com/2010/11/08/too-life-like-the-knight-errant-1870-by-john-everett-millais/

10 同じ原理が映画にも活用されてきた。スティーヴン・スピルバーグ監督の『シンドラーのリスト』(1993年)には、赤いコートを着た小さな女の子が登場するし、トム・ティクヴァ監督の『ラン・ローラ・ラン』(1998年)のヒロイン、ローラの真っ赤な髪は、その映画の3パターンの筋書きを展開させる軸となっている。

11 これはその語句のもうひとつの意味も踏まえての呼び名と思われる。すなわち、〝最後の霜が消える前の早春の月〟は、若枝には命取りになる——コーラの虜になった若い男たちのひとりが、拒絶された失望からその戸口でみずからの頭を撃ち抜いたように。フランスの刑事ドラマ『スピラル』の登場人物ジョゼフィーヌ・カールソン——残酷に人を操る、危険な赤毛の女——は、もうひとりのラ・リュヌ・ルスだ。

12 というより、自身も赤毛であるアメリカのユーモア作家マーク・トウェインが1889年の著作『アーサー王宮廷のコネチカット・ヤンキー』(砂川宏一訳／彩流社／2000年)に書いたように、〝赤毛の人がある社会階級より上にいくと、その髪はオーバーンになる〟のだ。1980年代になるまで、赤毛のバービー人形も〝ティツィ

アーノ〟として売られていた。
13 ハリウッドは1920年代に、この出来事をいくらか思い出させる『コーエン一家とケリー一家　The Cohens and the Kellys』(1926年)、『アビーのアイリッシュ・ローズ　Abie's Irish Rose』(1928年)などの映画を制作する。
14 イグナティエフの前掲書を参照。ただし、使われた言葉はもちろん〝ブラック〟ではない。
15 赤色と地獄とのつながりは今日でも、アメリカンコミックスの『ヘルボーイ』とその映像化作品などに継承されている。
16 アンのモデルとされているのは、昔でいう画家のモデルの当代版、ピンナップ・ガールとして名を馳せたイヴリン・ネスビットで、1906年に当時の夫が、彼女の不倫相手の高名な建築家スタンフォード・ホワイトをマディソン・スクエア・ガーデンで射殺するという、世界を騒がせたスキャンダル（〝世紀の裁判〟と呼ばれた）で渦中の人となる。にもかかわらず、彼女はモンゴメリにインスピレーションを与えた。
17 赤毛に対する偏見がなぜたちが悪いかをうまく示した見本だ。〝文化の壁〟がない、つまりレイチェル・リンドとアンのように、傷つける者と傷つけられる者との外見が大きくちがわないという状況のせいで、それは偏見のようには見えないのだ。
18 バービー人形の顔と体つきが性的に大人びているとの批判を受け、バービーの親友ミッジの初期バージョンは、(バービーともども）あまり大人っぽく見えないよう、丸顔でそばかすのあるトムボーイ・タイプに近づけられた。今日のミッジ人形は以前よりも赤毛の美女という印象が増している。赤毛の女の子のそばかすはキュートさと健全さの代名詞となり、ファストフード・チェーンの〈ウェンディーズ〉のロゴにいまも採用されている。

第6章　ラプンツェル、ラプンツェル

1 この情報については、ウェブサイト http://perfumeshrine.blogspot.com/に感謝。このほかにも香りの歴史にまつわるすばらしい洞察が数多く掲載されている。
2 2002年にノーベル生理学・医学賞を受賞したシドニー・ブレナー教授が、この方針を2011年に考え出した。本人の言葉を引くと、〝そう自分に言い聞かせれば、メカニズムに打ち勝つ理性を失うことなく前へ進んでいける〟。バレンシア大学発行の科学誌《メトデ》に掲載のインタビューより。https://metode.org/issues/entrevista-revistes/entrevista-a-sydney-brenner.html
3『香水の手引き　*The Perfume Guide*』(スーザン・アーヴィン／2000年）より。私の場合、たとえば1980年代にスパイス爆弾との悪評を買った香水〈オピウム〉をつけると、獣医から戻ったばかりの猫みたいなにおいになる。赤毛の人のために作られた香りをお求めのかたには、前出のウェブサイト Perfum Shrine が薦めるジャン・パトゥの〈アデュー・サジェス〉(1925年発表）がある。この香水には〝さらば純潔〟という素敵な意味があり、恋愛関係において覚悟を決めることを称えている。
4 何年も前、赤毛の女性と結婚していて、別の赤毛の女性とも熱い情事の只中にあっ

た男性の同僚から、私は性的な誘いを受け、クラブにもう部屋を取ってあると言われた。私から見ても、重度の赤毛依存だ。できるだけ丁重に誘いをことわったものの、私は好奇心に抗えず、そこまで赤毛に執着するのはどういうわけなのか訊いてみた。彼はちょっときまり悪そうに答えた——〝きみたちは独特のにおいがするんだ〟

5 1857年発表の詩集『悪の華』（安藤元雄訳／集英社／1991年）より。同詩集に収録の別の詩「デルフィーヌとイポリット」は、クールベの絵画《眠り》の着想の一端となった。

6 本文はこちらに掲載されている。https://www.angelfire.com/az/varuna/ode.html

7 簡単に言うと、あなたの遺伝子型とは、あなたの遺伝子の基本構成であり、あなたの表現型とは、あなたの目に見える特徴を変えるべく作用するすべての要素が遺伝子型に合わさった形質である。

8 ハンブルクの性研究者、ヴェルナー・ハーバーメール博士が2006年に実施し、多くの人に引用された調査が見たところ示しているのは、少なくともドイツにおいて、赤毛の女性がほかの髪色の女性よりも活発な性生活を送っていたということだ。しかしながら、ハーバーメール博士は量と質とを履きちがえており、これはあるまじき考えちがいと言うほかない。この調査のほかの結果についてはこちらを参照のこと。http://www.drpetra.co.uk/blog/do-redheads-really-have-more-sex.

9 論文「グリーンランドの古代北欧人——ハージョルフスネスでの近年の発見　The Norsemen in Greenland: Recent Discoveries at Herjolfsnes」（ウィリアム・ホブガード／*Geographical Review*, 15, no. 4 (October 1925): 605–16.／1925年10月）より。

10 論文「ヒトの皮膚の色の進化におけるビタミンD　Vitamin D : in the Evolution of Human Skin Colour」（A・W・C・ユエン、N・G・ヤブロンスキー／*Medical Hypotheses*, 74, no. 1 (January 2010): 39-44.／2010年1月）より。

11 この文脈において興味深いのは、ある調査によると、赤毛の男性は自身の髪色を言うとき、少し軽蔑を含んだ〝ジンジャー〟を使うことが女性に比べて多いらしい。これに対し、赤毛の女性は〝ストロベリー・ブロンド〟と言うことが多いようだ。エレノア・アンダーソンの前掲書を参照。

12 論文「英国における髪色の類型化とCEO選考　Hair Colour Stereotyping and CEO Selection in the UK」（マーガレット・B・タケダ、マリリン・M・ヘルモ、ナターシャ・ロマノヴァ／*Journal of Human Behaviour in the Social Environment*, 13 (July 2006): 85-99.／2006年7月）より。

13 もうひとつ、赤毛の人が例外となるものがある。白い肌に生えた赤毛には、レーザー脱毛が全然とは言わないまでも、たまにしか効かない——レーザーが毛根を熱して破壊するには、ユーメラニンの暗い色素を感知する必要があるからだ。永久脱毛を望む赤毛の人は、電気分解法の不快な処置を長々と受ける運命にある。

14（参照）http://www.ncbi.nlm.nih.gov/pubmed/9620771/

15 この情報、そしてこの章内のほかのさ

まざまな情報については、ティム・ウェンテルに感謝。
16 論文「赤毛——望ましい突然変異？ Red Hair--A Desirable Mutation?」（ジョナサン・リース、トマス・ハ／*Journal of Cosmetic Dermatology*, 1, no. 2 (July 2002): 62–65.／2002年7月）より。
17 16番と4番染色体上での突然変異は脆弱角膜症候群1と2、それぞれの原因となる。（参照）https://www.omim.org/entry/229200
18（参照）https://www.sciencemag.org/news/2012/05/origin-blond-afros-melanesia
19 論文「髪色の遺伝的決定要素とパーキンソン病のリスク　Genetic Determinants of Hair Color and Parkinson's Disease Risk」（X・ガオほか／*Annals of Neurology*, 65, no. 1 (January 2009): 76–82／2009年1月）、及び「メラノコルチン1受容体（MC1R）遺伝子変異体は、肌質や髪色とほぼ無関係な皮膚黒色腫のリスク増加と関係している　Melanocortin 1 Receptor (MC1R) Gene Variants Are Associated with an Increased Risk for Cutaneous Melanoma Which Is Largely Independent of Skin Type and Hair Color」（C・ケネディほか／*Journal of Investigative Dermatology*, 117, no. 2 (August 2001): 294–300.／2001年8月）より。
20 論文「赤い髪色とメラノーマと子宮内膜症——示唆される関係　Red Hair Color, Melanoma and Endometriosis: Suggestive Associations」（G・ウィシャク、R・E・フリッシュ／*International Journal of Dermatology*, 39, no. 10 (October 2000): 798.／2000年10月）より。
21 論文「赤毛とトゥレット症候群はどういう関係なのか？ What Is the Connection between Red Hair and Tourette Syndrome?」（ケイティ・スターリン・レヴィ、カトリーナ・ウィリアムズ／*Medical Hypotheses*, 73, no. 5 (November 2009): 849–853.／2009年11月）より。
22『イートン校——校史　*Eton: A History*』（クリストファー・ホリス／1960年）より引用。
23 レオナルド・シェンゴールドの前掲書より。スウィンバーンについての章では、同情と洞察をこめて彼の擁護にあたっている。
24 ワイルドいわく、スウィンバーンは〝不道徳行為に関しては大ボラ吹きで、ホモセクシュアルでも獣姦者でもなんでもないくせに、同胞にそう信じさせるためにできることをなんでもしていた〟。
25（参照）https://www.livescience.com/49147-egyptian-cemetery-million-mummies.html
26 論文「ンガティ・ホトゥの謎　Enigma of the Ngati Hotu」（ケリー・R・ボルトン／*Antrocom Online Journal of Anthropology*, 6, no. 2 (2010): 221–26.／2010年）より。
27 ケリー・R・ボルトンの前掲の論文より引用。

第7章　流行の気まぐれ

1《ヴォーグ》誌2014年7月号、〝最高の赤毛〟特集より。（参照）https://www.

vogue.com/article/best-redheads-jessica-chastain-amy-adams-julianne-moore-and-more
2（参照）https://www.theatlantic.com/business/archive/2014/08/redheads-are-more-common-in-commercials-than-in-real-life/375868/
3『マックス・ファクター――世界の顔を変えた男 *Max Factor: The Man Who Changed the Faces of the World*』（フレッド・E・バステン／2012年）より。
4『これが幸福ならば *If This Was Happiness*』（バーバラ・リーミング／1990年）より。
5 ルース・バートンの前掲書より引用。
6《ザ・ニューヨーカー》誌1999年3月22日号。マルコム・グラッドウェルの寄稿文「トゥルー・カラーズ」より。http://gladwell.com/ true-colors
7 より詳しい考察については、巻末の参考文献一覧にある、ドルアン・マリア・ヘカートとエイミー・ベストの論文を参照のこと。

第8章　赤毛の日

1 ソール・ファインマンとジョージ・W・ギルの前掲の論文より。

【み】

【む】

【め】

【も】

【や】

【へ】

【ほ】

【ま】

【ひ】

【ふ】

【つ】

【て】

【と】

【せ】

【そ】

【た】

【ち】

【す】

【け】

【こ】

【さ】

【し】

【き】

【く】

索引

【あ】

【著者】

ジャッキー・コリス・ハーヴィー（Jacky Colliss Harvey）

イギリスの作家、編集者。英語学と美術史を学び、長年にわたり美術関係の出版にたずさわってきた。デビュー作となる本書のほか、*My Life As a Redhead: A Journal*（2017年刊）、*The Animal's Companion: People & Their Pets, a 26,000-Year Love Story*（2019年刊）がある。自身も赤毛の持ち主。

【翻訳】

北田絵里子（きただ・えりこ）

英米文学翻訳家。関西学院大学文学部卒。訳書にエリフ・シャファク『レイラの最後の10分38秒』、ショーン・プレスコット『穴の町』、ウィリー・ヴローティン『荒野にて』、ブルース・チャトウィン『ソングライン』など多数。

Red: A Natural History of the Redhead
by Jacky Colliss Harvey

赤毛《あかげ》の文化史《ぶんかし》

マグダラのマリア、赤毛《あかげ》のアンからカンバーバッチまで

2021 年 3 月 10 日　第 1 刷

著者…………ジャッキー・コリス・ハーヴィー

訳者…………北田絵里子《きただえりこ》

装幀…………藤田知子
装画…………提供：アフロ
発行者…………成瀬雅人
発行所…………株式会社原書房

〒 160-0022 東京都新宿区新宿 1-25-13
電話・代表 03（3354）0685
http://www.harashobo.co.jp
振替・00150-6-151594

印刷…………新灯印刷株式会社
製本…………東京美術紙工協業組合

ISBN978-4-562-05873-0, Printed in Japan